工程制图习题集

WORKBOOK OF ENGINEERING GRAPHICS

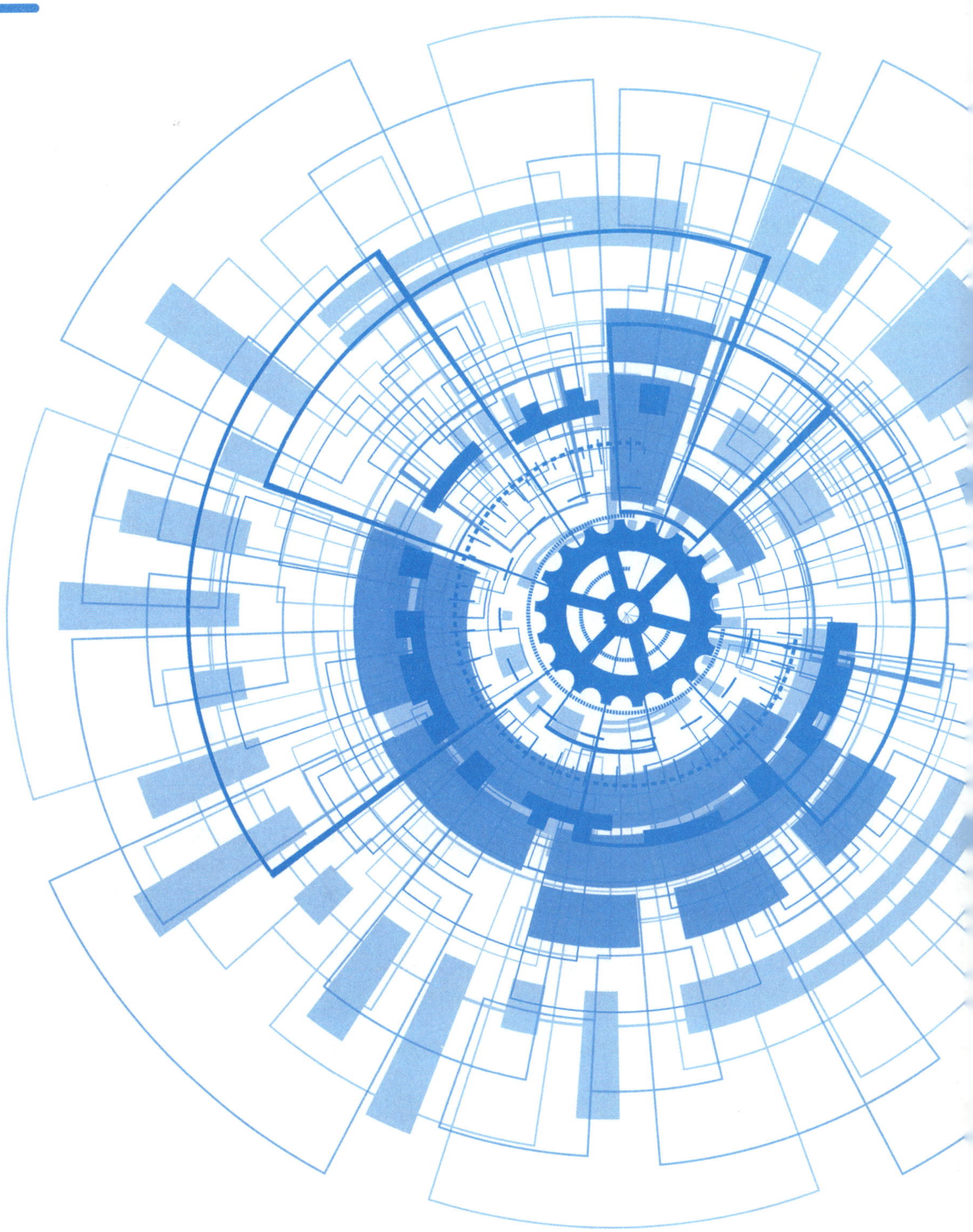

黄娟　杨志贤　江洪　编著

江苏大学出版社
JIANGSU UNIVERSITY PRESS
镇　江

图书在版编目(CIP)数据

工程制图习题集 / 黄娟，杨志贤，江洪编著. — 镇江：江苏大学出版社，2023.6(2025.7 重印)
ISBN 978-7-5684-1980-2

Ⅰ. ①工… Ⅱ. ①黄… ②杨… ③江… Ⅲ. ①工程制图－高等学校－习题集 Ⅳ. ①TB23－44

中国国家版本馆 CIP 数据核字(2023)第 064092 号

工程制图习题集
Gongcheng Zhitu Xitiji

编　　著/黄　娟　杨志贤　江　洪
责任编辑/李经晶
出版发行/江苏大学出版社
地　　址/江苏省镇江市京口区学府路 301 号(邮编：212013)
电　　话/0511-84446464(传真)
网　　址/http://press.ujs.edu.cn
排　　版/镇江市江东印刷有限责任公司
印　　刷/南京互腾纸制品有限公司
开　　本/787 mm×1 092 mm　1/8
印　　张/16
字　　数/236 千字
版　　次/2023 年 6 月第 1 版
印　　次/2025 年 7 月第 2 次印刷
书　　号/ISBN 978-7-5684-1980-2
定　　价/55.00 元

如有印装质量问题请与本社营销部联系(电话:0511-84440882)

前 言

本习题集是罗信玉、陈是煌于1995年编绘并于校内印刷使用，1999年陈是煌根据当时教学实际情况做过第一次大修订，2004年陈是煌和江洪做了第二次修订，2014年和2017年江洪做了两次修订，2022年黄娟根据实际教学情况进行第五次修订。本习题集可供工程图学课程的教学课时为30~80课时的各专业使用。

本习题集内容包括投影基础、基本体、组合体、表达方法、连接件、零件图、装配图和附录8个部分，可与相关工程图学教材配套使用。

为了更好地配合教材内容，第五次修订对部分题目的类型和难易程度进行了调整,并给附录中的习题增加了答案，使用者可通过扫描二维码查看相关内容。黄娟、杨志贤、江洪、戴立玲、孔繁臣、姚辉学、袁浩、侯永涛、吴教义、王晓东、纪敬虎、杨志儒、张超、刘宏、韩延祥等老师参与了本次修订。

江苏大学工程图学教研室

2022年12月

目　录

1-1 三视图　　根据轴测图找出对应的三视图，将轴测图的编号填入对应三视图的括号内。

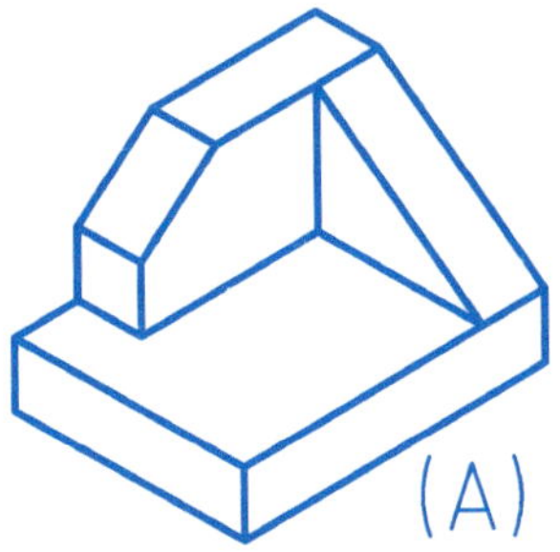
(A)

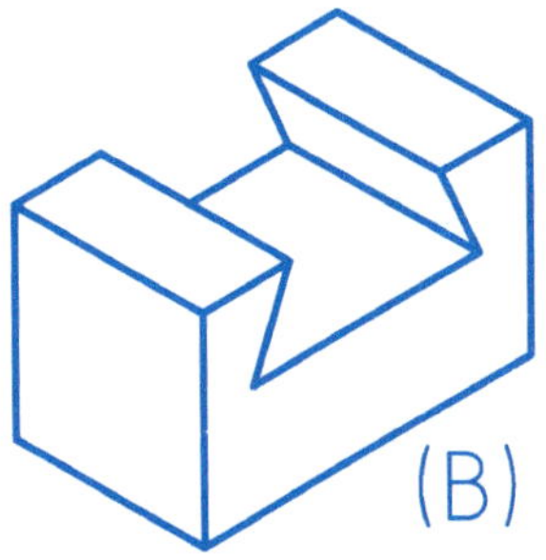
(B)

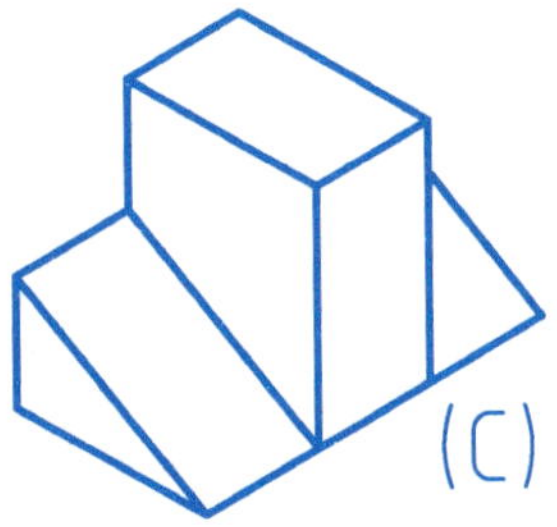
(C)

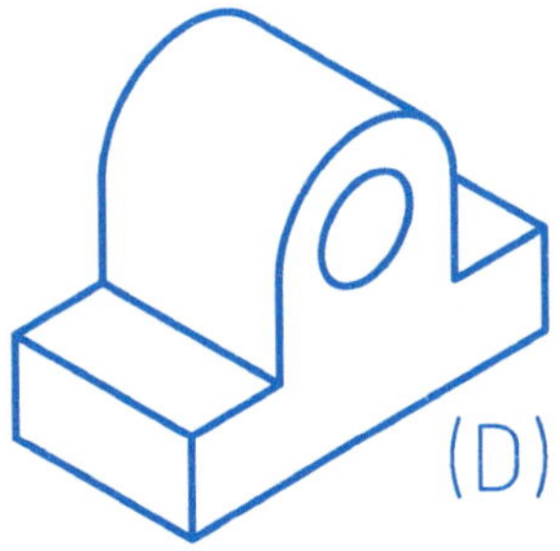
(D)

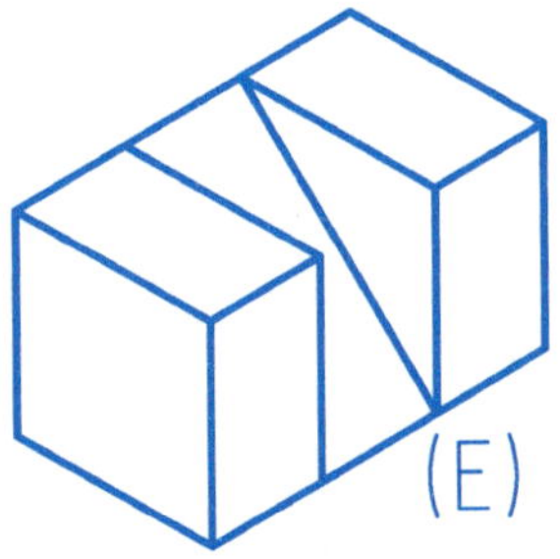
(E)

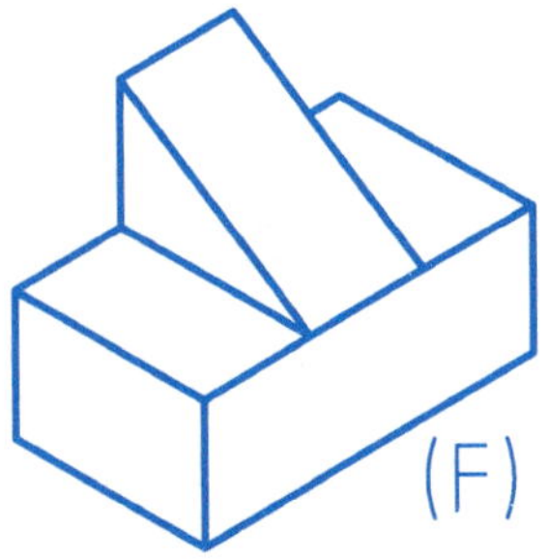
(F)

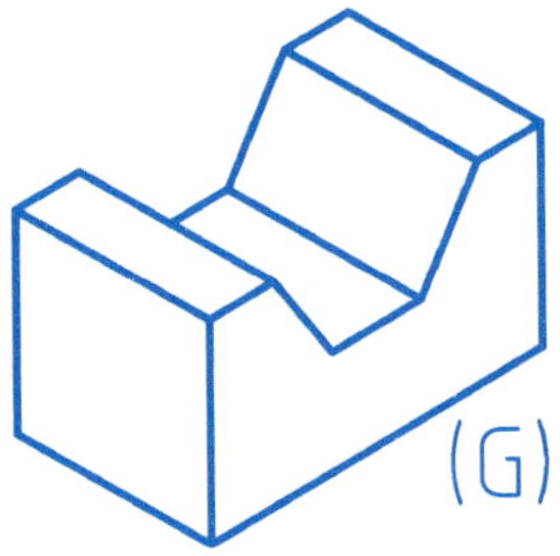
(G)

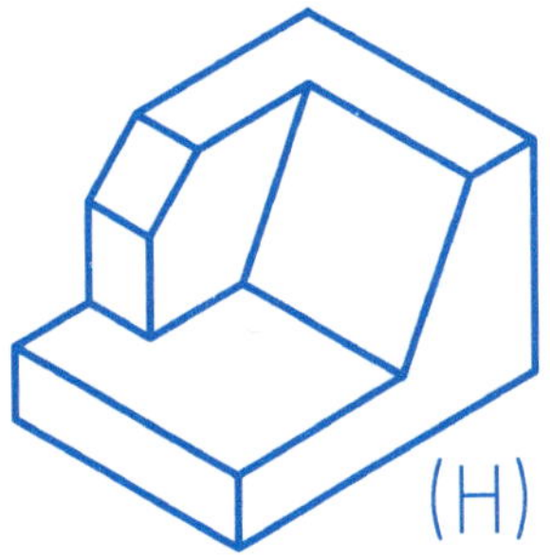
(H)

1.

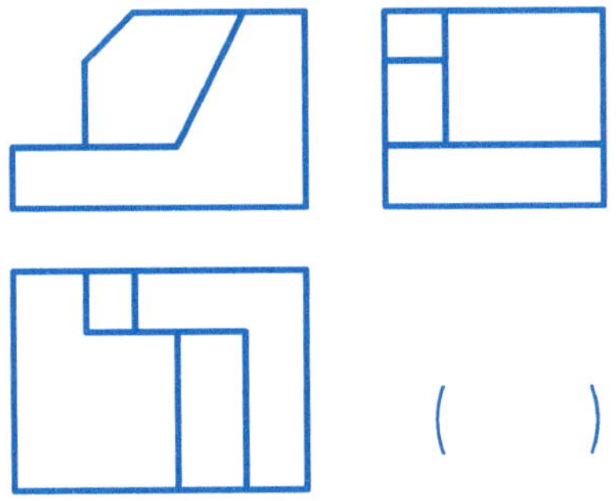
(　　)

2.

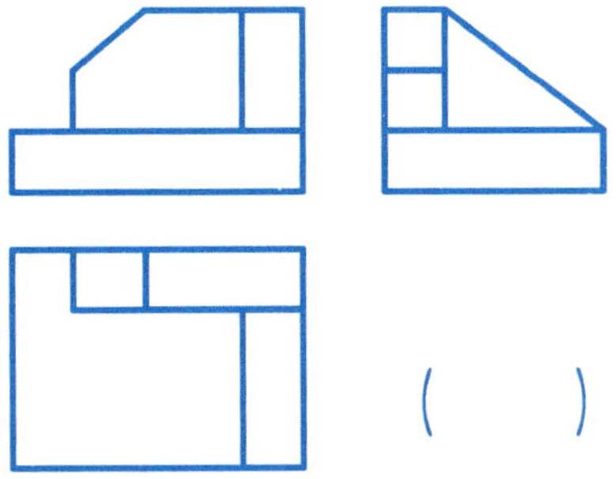
(　　)

3.

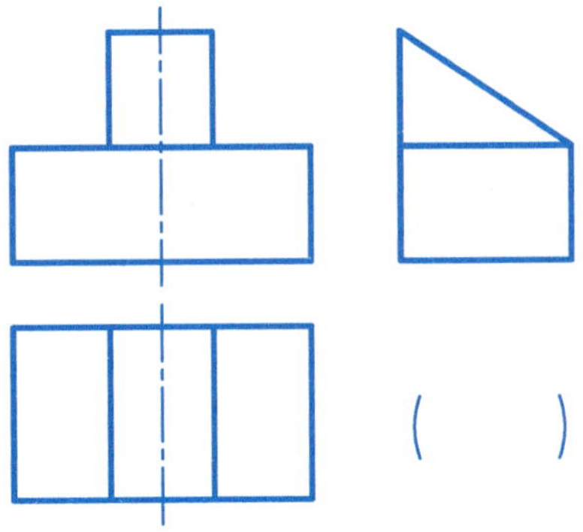
(　　)

4.

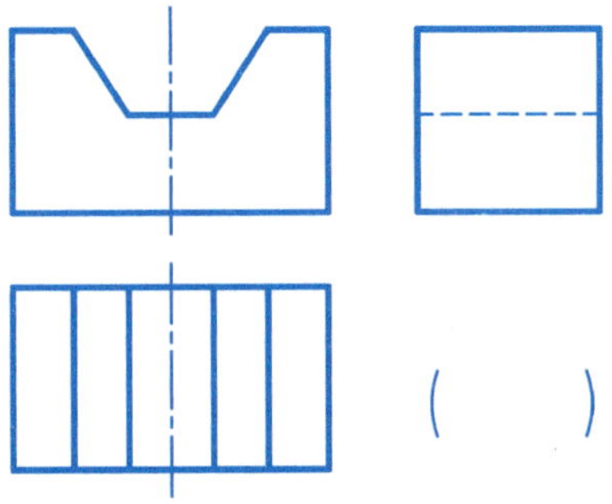
(　　)

5.

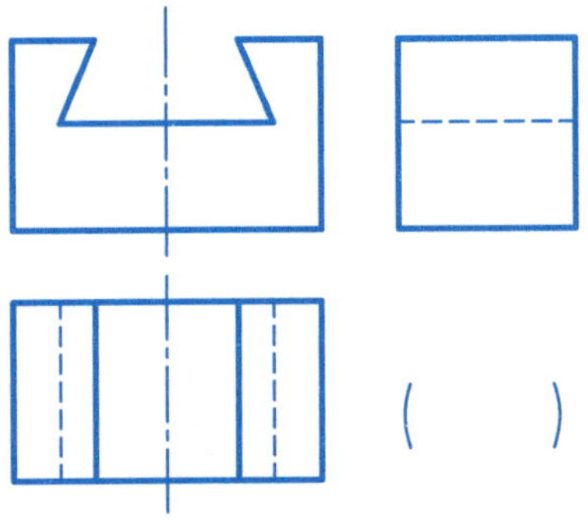
(　　)

6.

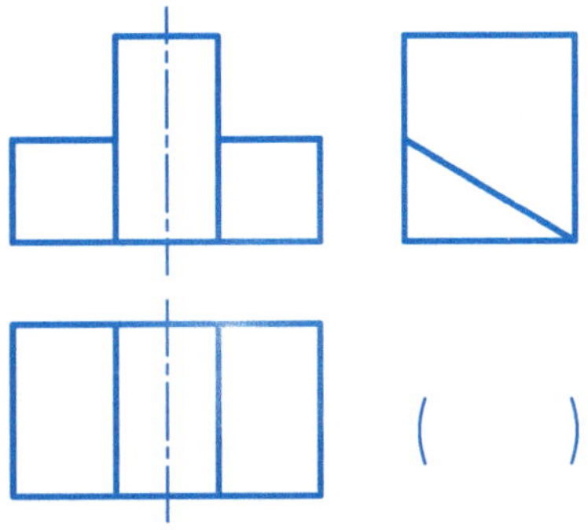
(　　)

7.

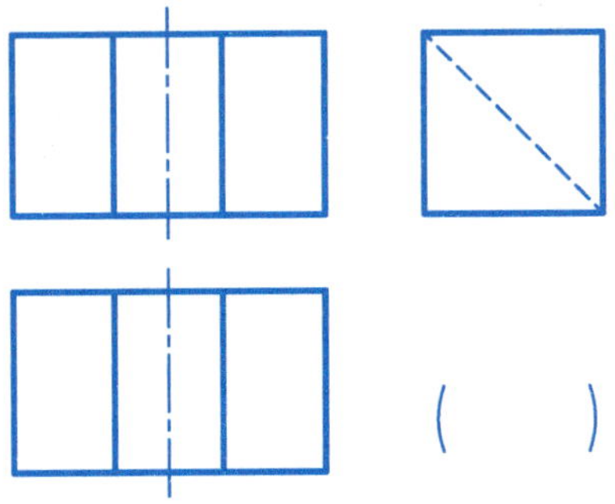
(　　)

8.

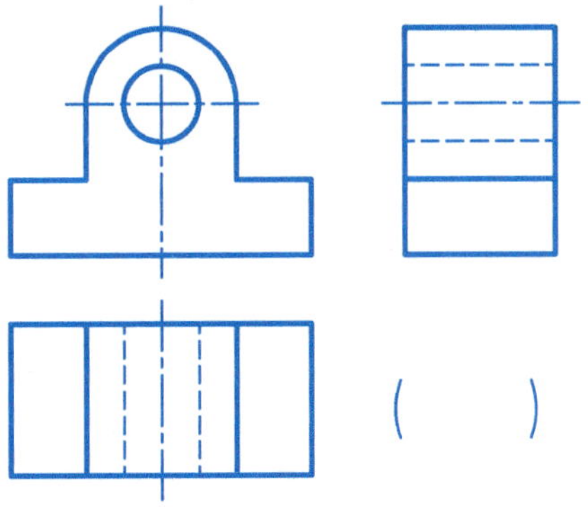
(　　)

第1部分 投影基础

班级__________ 学号__________ 姓名__________

1-1 三视图	根据轴测图，在指定位置画出相应的三视图。

1.

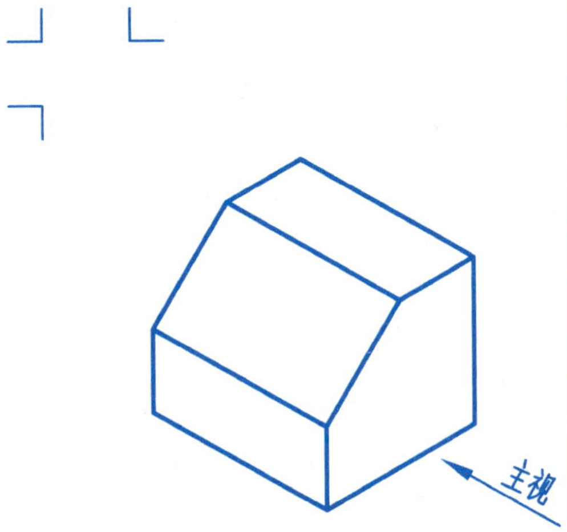

2.

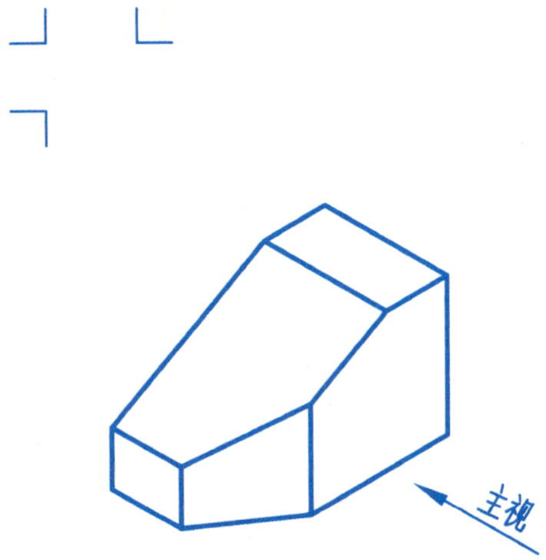

3.

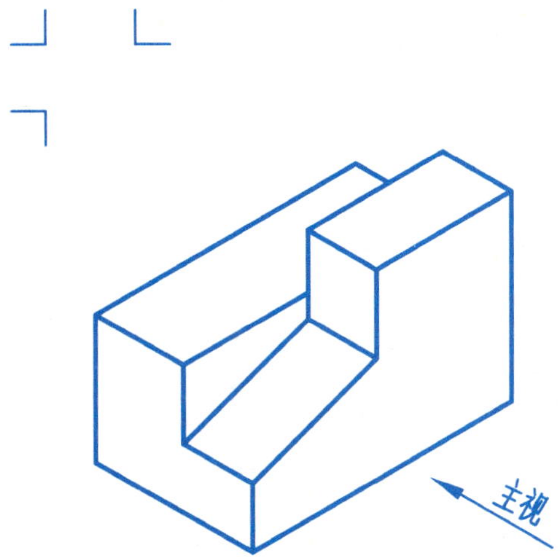

4.

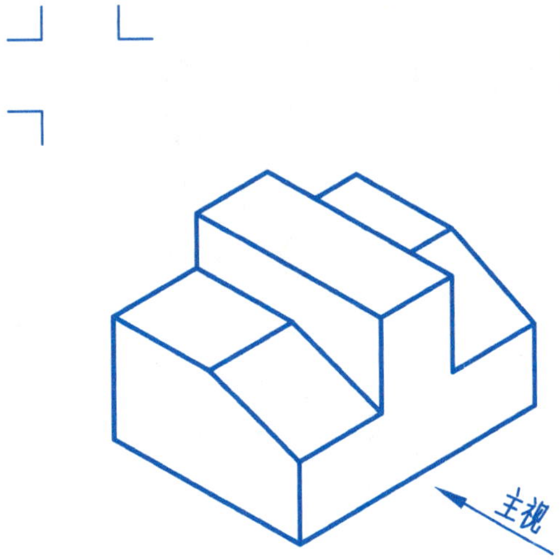

5.

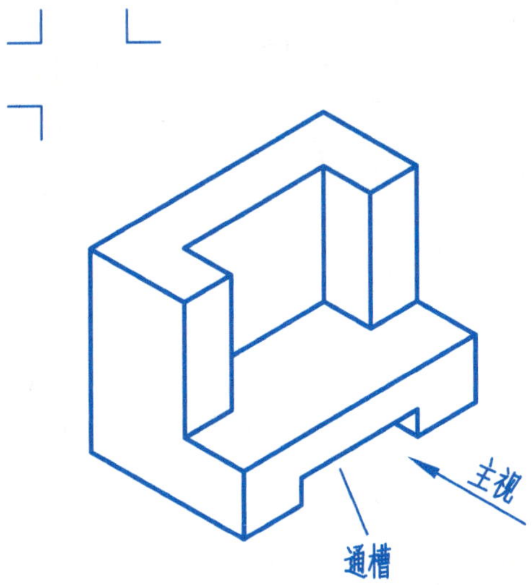

6.

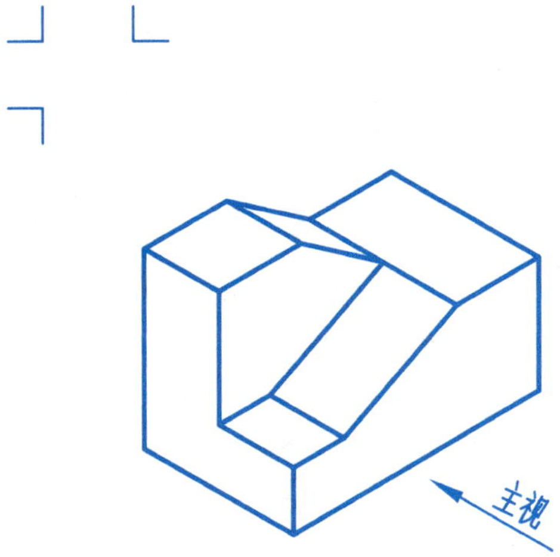

1-2 平面图形	在A3图纸上按图中尺寸1∶1抄画，要求粗细线型使用正确，圆弧连接无误，尺寸标注完整。

1.

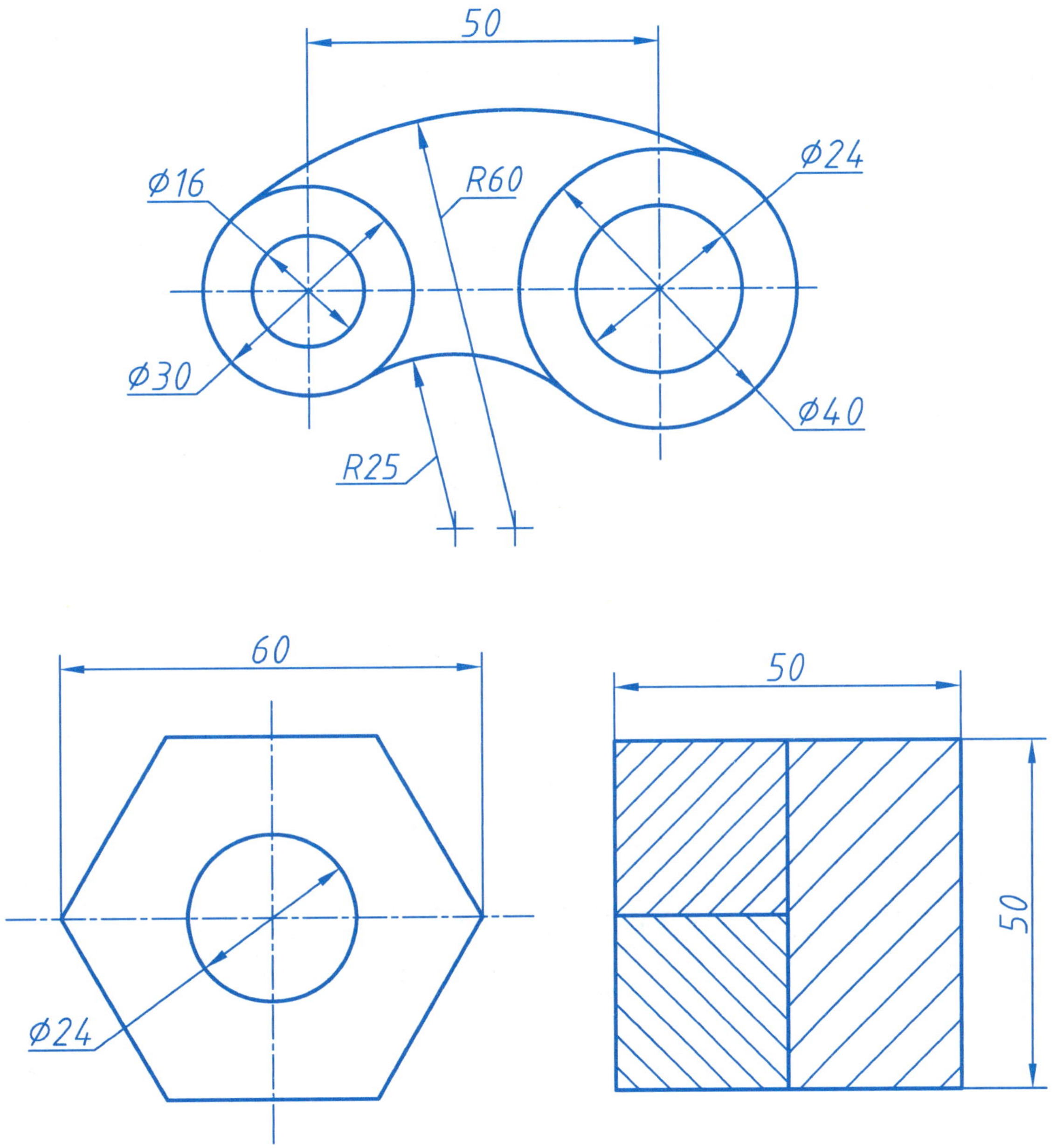

2.

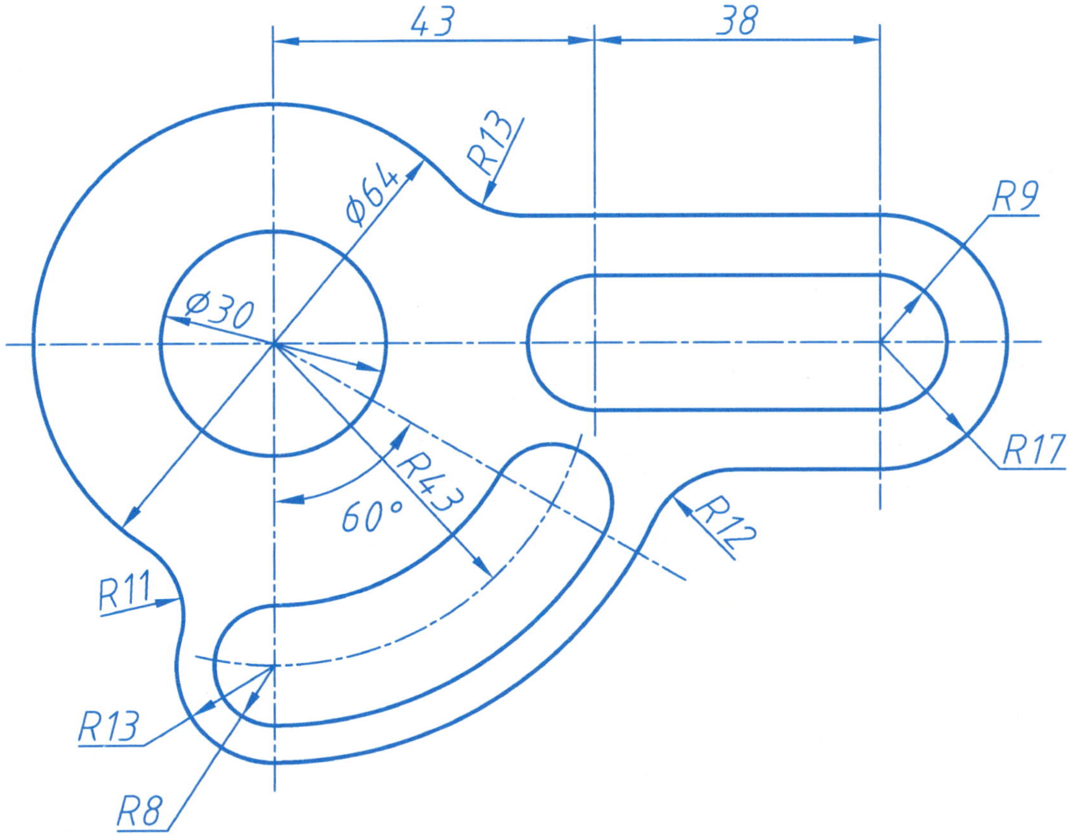

标记	处数	分 区	更改文件号	签名	年月日	（材料标记）	江苏大学
设 计			标准化			阶 段 标 记 / 重量 / 比例 1:1	平面图形
审 核							
工 艺			批 准			共 张 第 张	（图 号）

1-3 点的投影

1. 已知A (15,7,9)、B (20,9,23)两点，画出这两点的三面投影，并画出点的轴测图。

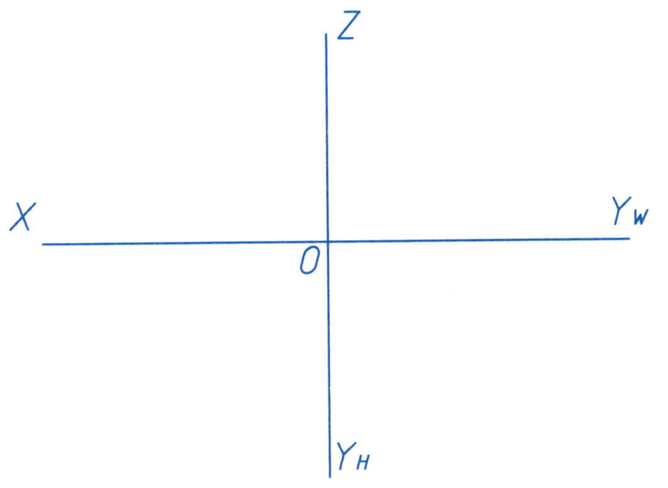

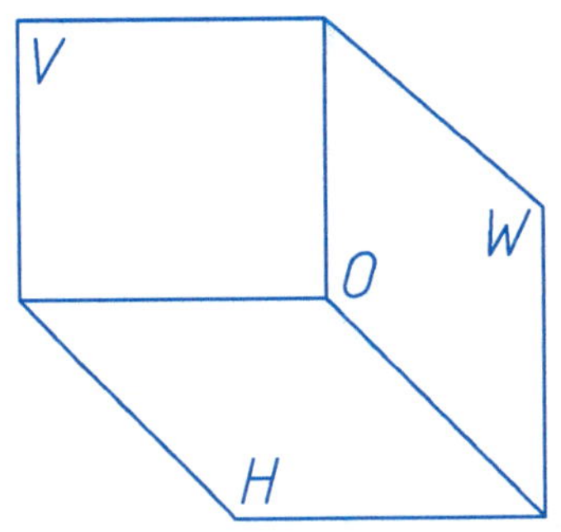

2. 已知A、B、C三点的两面投影，画出它们的第三投影。

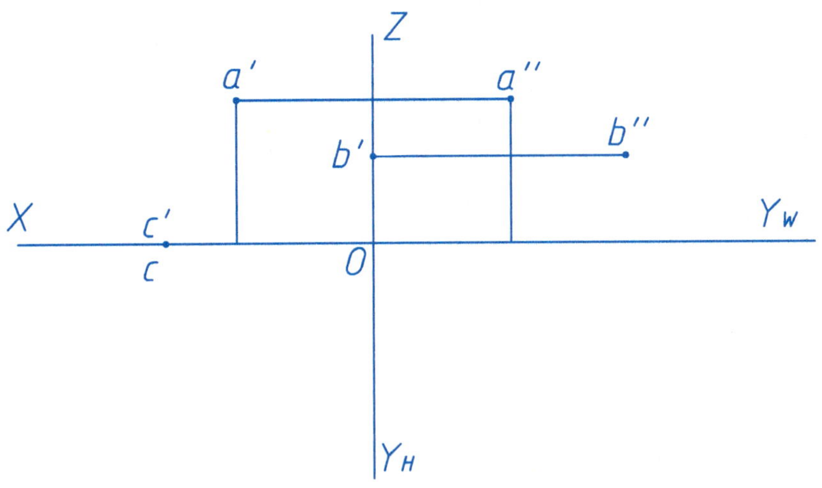

3. 请根据给出的投影，画出A、B、C三点的第三投影。

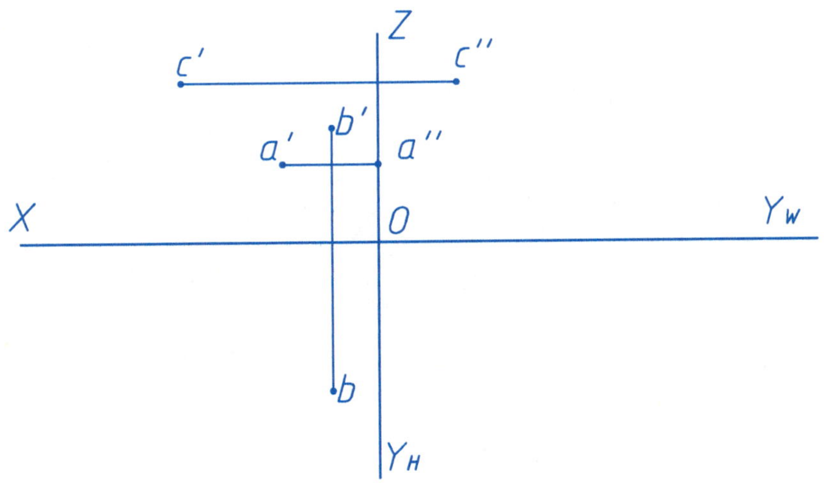

4. 已知B点在A点的左边8 mm，下面12 mm，前方15 mm，请画出B点的三面投影。

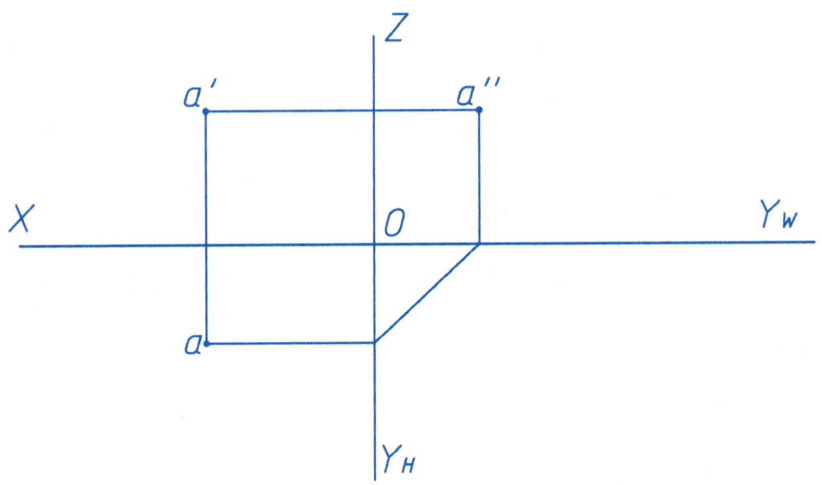

1-4 直线的投影

1. 已知线段两端点的坐标值x、y、z分别为$A(12,15,15)$、$B(20,25,8)$，画出该线段的三面投影，并在线段AB上取一点C，使得$AC:CB=1:2$。

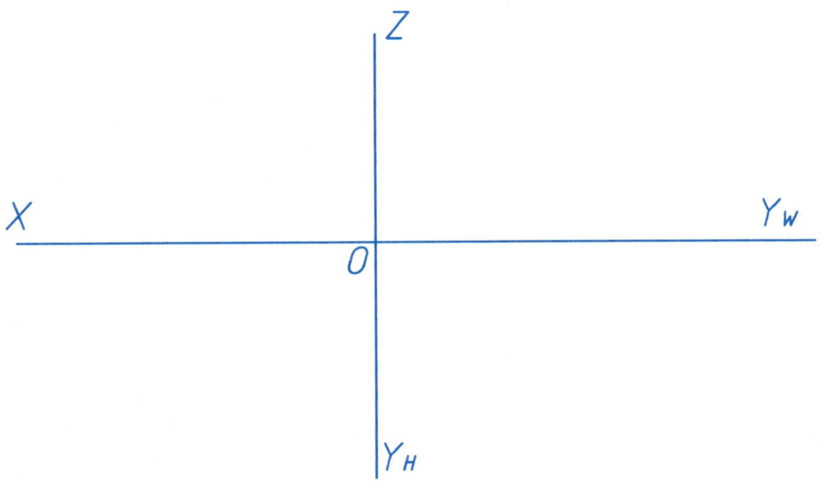

2. 已知线段AB、CD的两个投影，画出它们的第三投影。

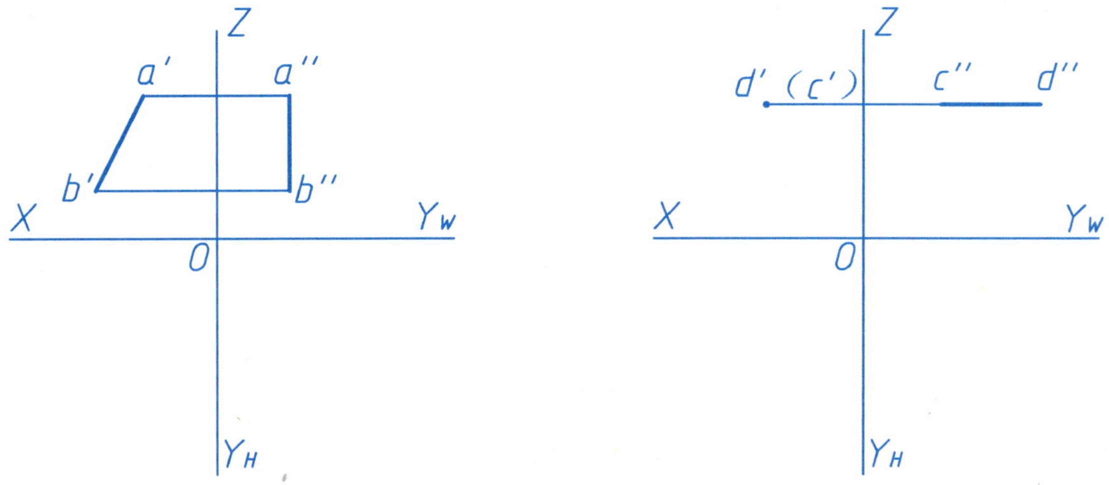

3. 请根据铅垂线AB的正面投影和点A的侧面投影，画出AB的另外两个投影。

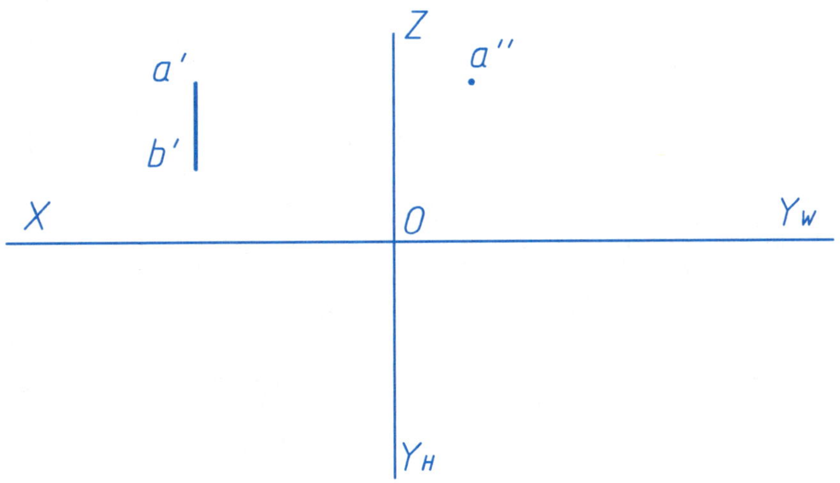

4. 线段AB的实长为15 mm，请画出以下两题的线段AB的投影(各画出一解即可)。

(1) AB平行于H面，$\beta=60°$。

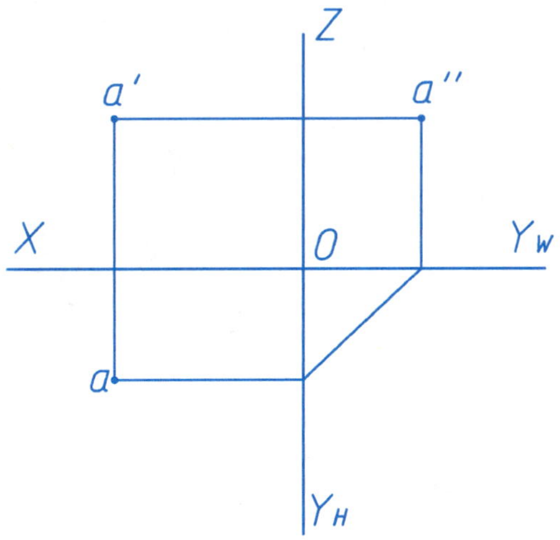

(2) AB平行于V面，$\alpha=45°$。

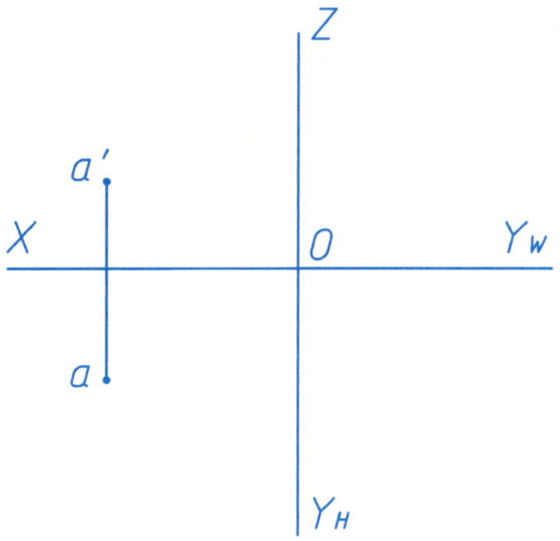

1-4 直线的投影

1. 对照轴测图，在三视图中标注出线段AB、CD的三面投影，并填写它们的名称。

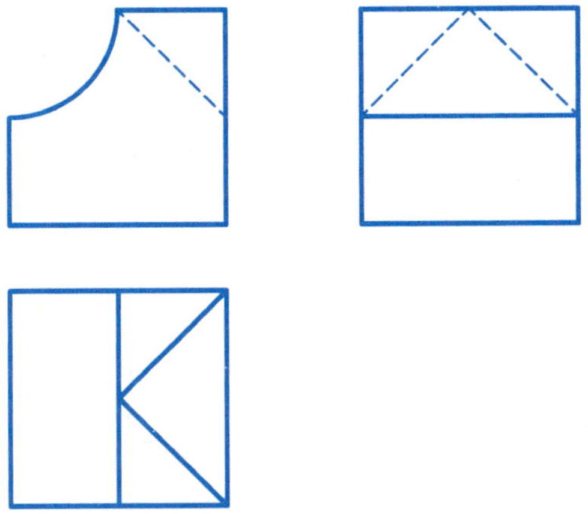

AB是（　　　）线；
CD是（　　　）线。

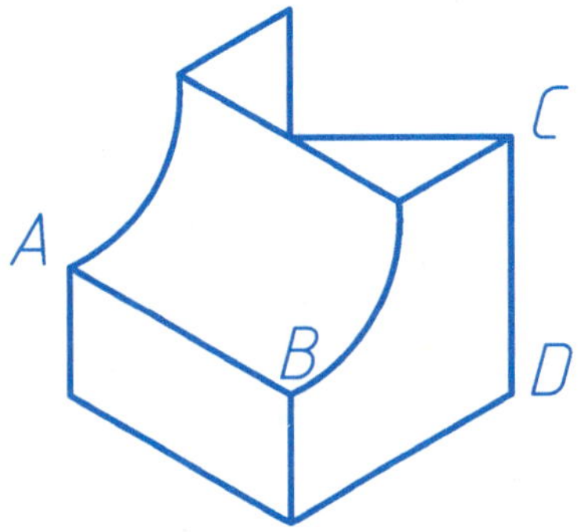

2. 在三视图中补全线段AB、CD的三面投影，在轴测图中标出A、B、C、D的位置，并填写它们的名称。

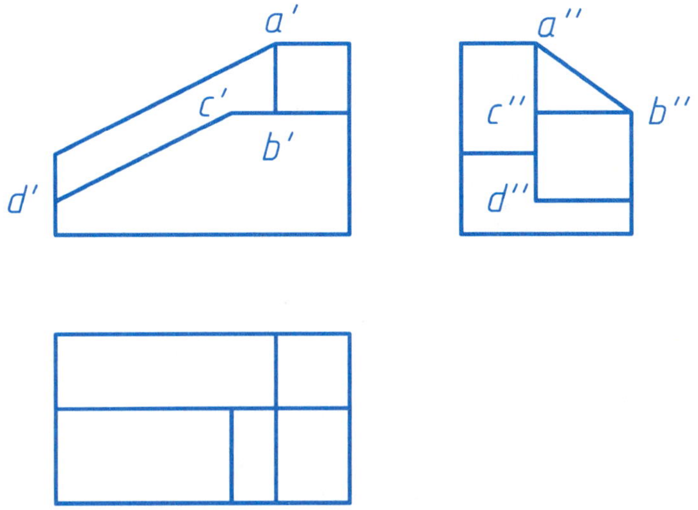

AB是（　　　）线；
CD是（　　　）线。

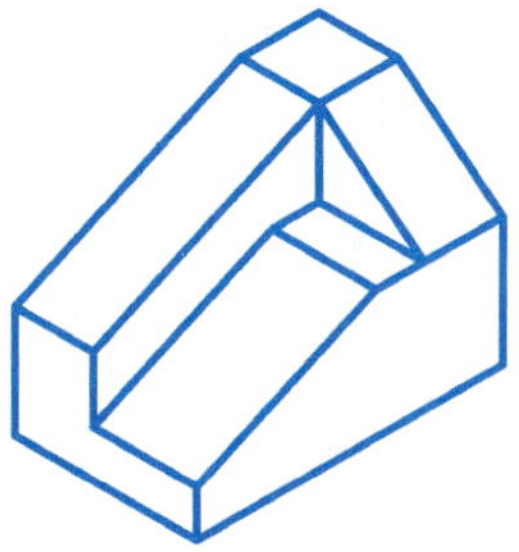

3. 已知A（35,30,25）、B（20,25,30）、C（0,30,10）、D（5,20,0）四点坐标，请在下图中画出线段AB、CD的三面投影。

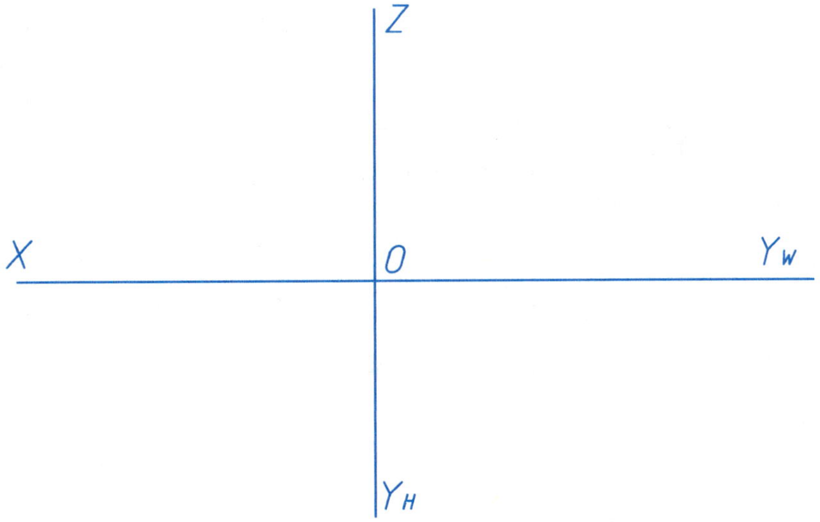

4. 画出下列线段的第三面投影，并判别直线相对于投影面的位置。

(1) AB是____线，CD是____线。

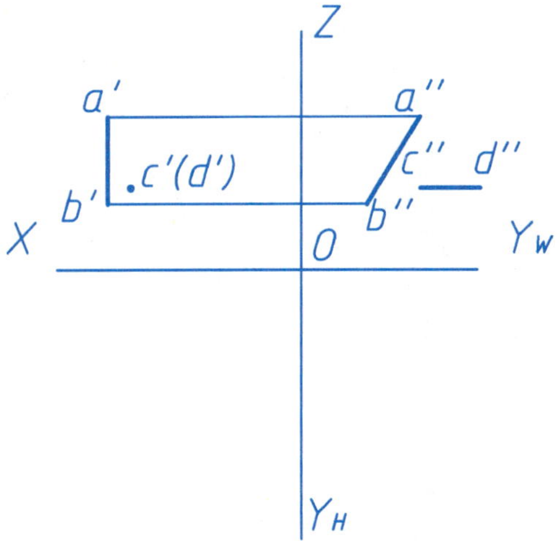

(2) EF是____线，EG是____线。

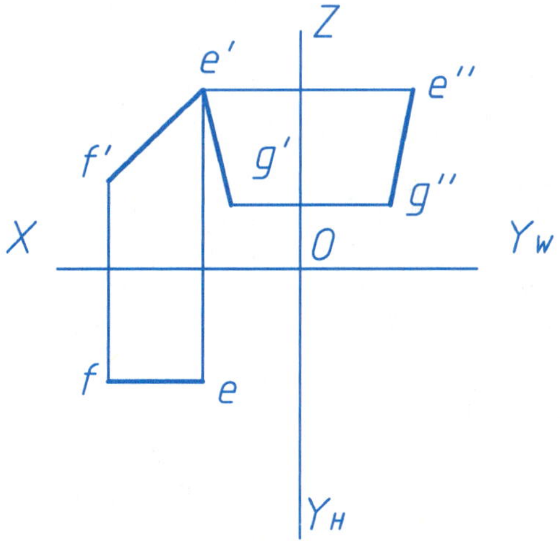

1-5 平面的投影

1. 完成三角形*ABC*的水平投影。

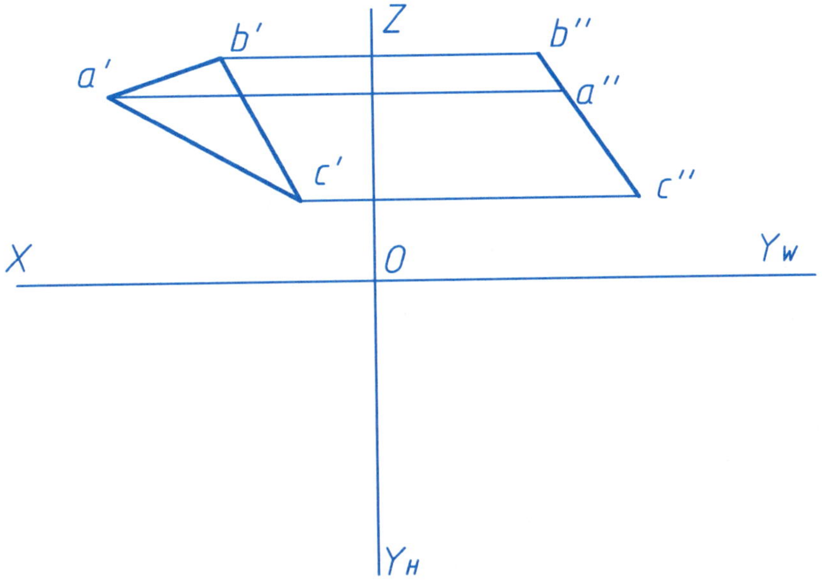

2. 请完成平面图形*ABCDEF*的水平投影。

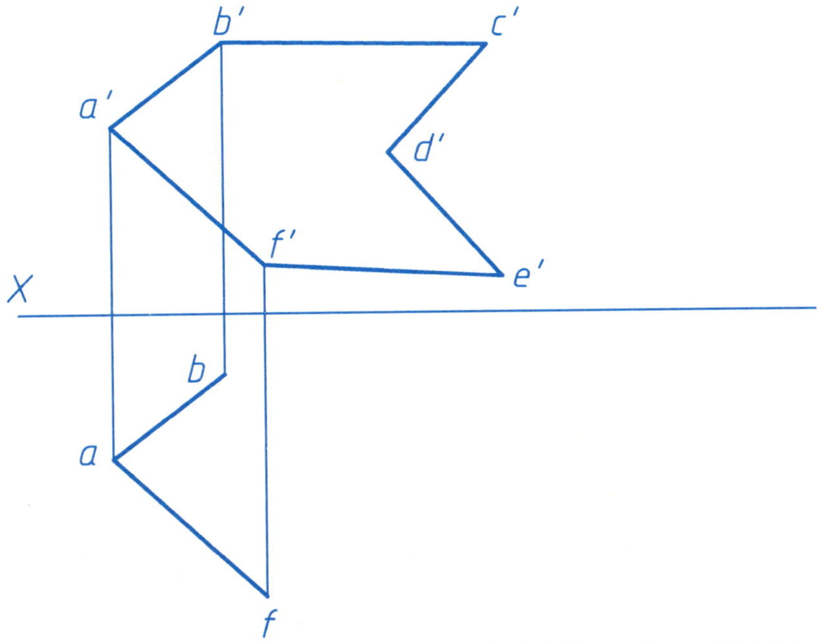

3. 在下面三视图中标出*P*、*Q*两平面的三投影，并判断它们是什么位置平面。

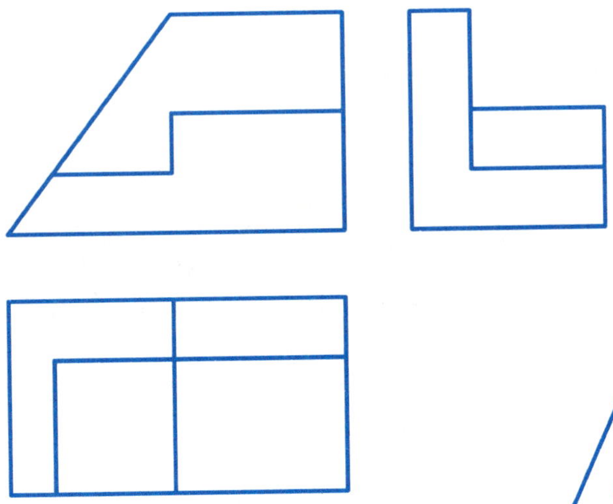

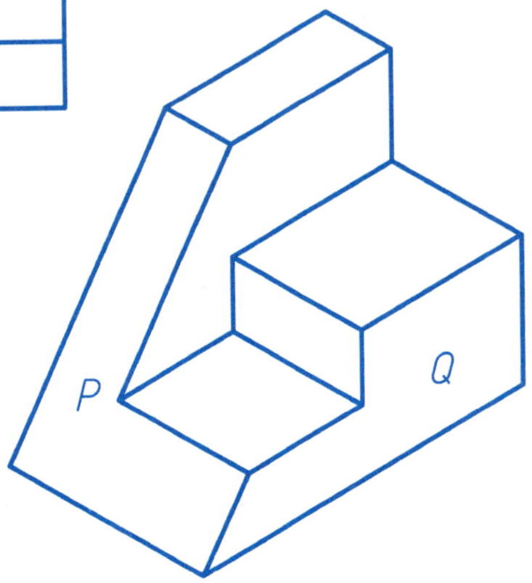

*P*是________面，*Q*是________面。

4. 根据三视图中各线段和平面的位置，在轴测图中标识出来，并判定各线段和平面的类型。

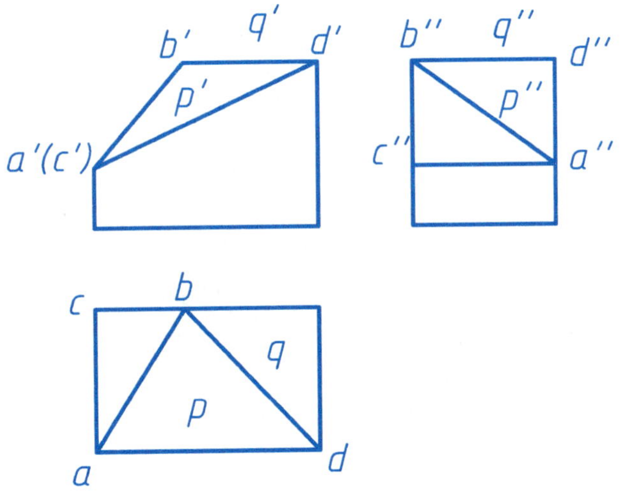

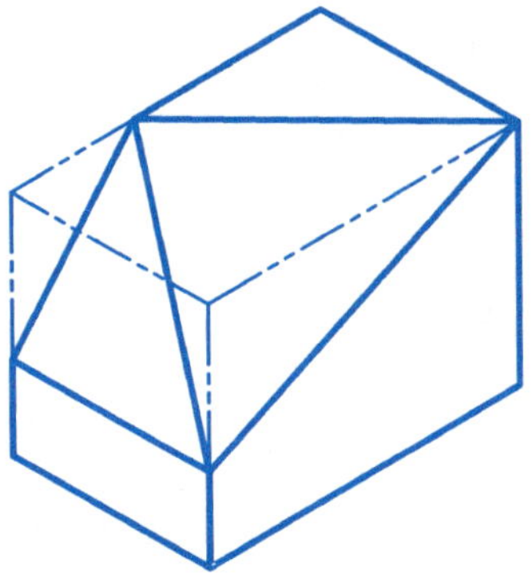

*P*是________面，*Q*是________面；
*AC*是________线，*AB*是________线；
*BD*是________线，*AD*是________线。

2-1 立体及立体表面上点和线的投影

1. 请在下面画一个直径为40 mm，高为30 mm的圆柱的三视图，其轴线垂直于侧面。

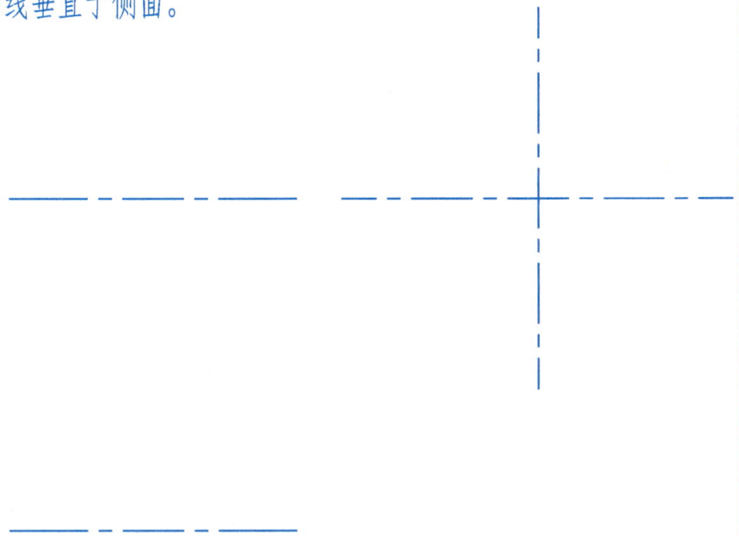

2. 根据半圆球的主视图，画出其左视图和俯视图。

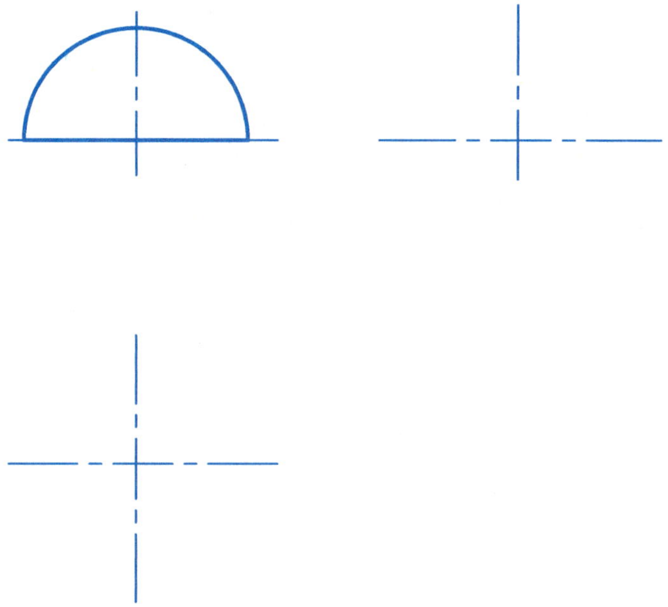

3. 画出六棱柱的左视图，作出其表面上三点的另两面投影。

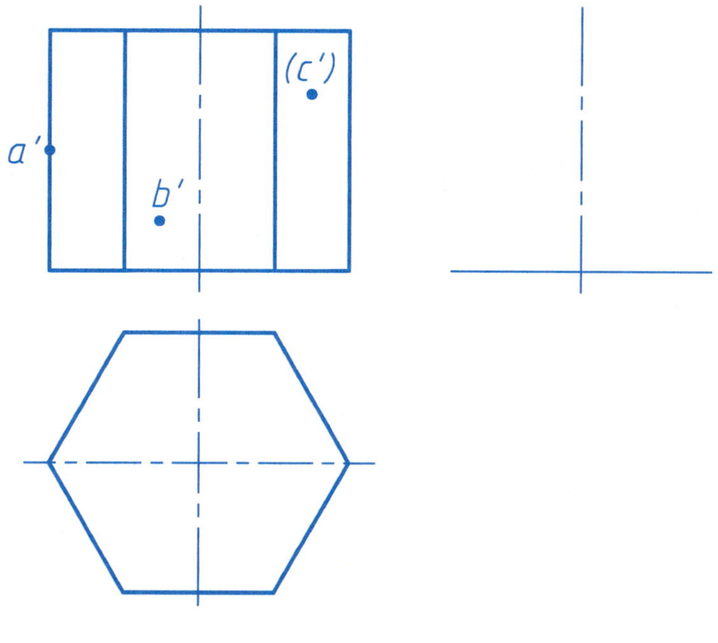

4. 画出下列基本体的第三视图，作出立体上点的其余两个投影，并标出相应的字母。（需要保留作图线）

1）

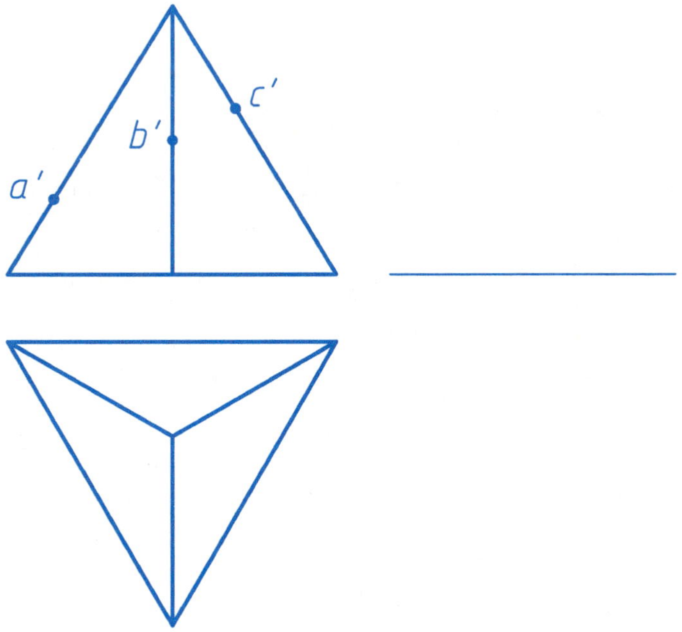

2）

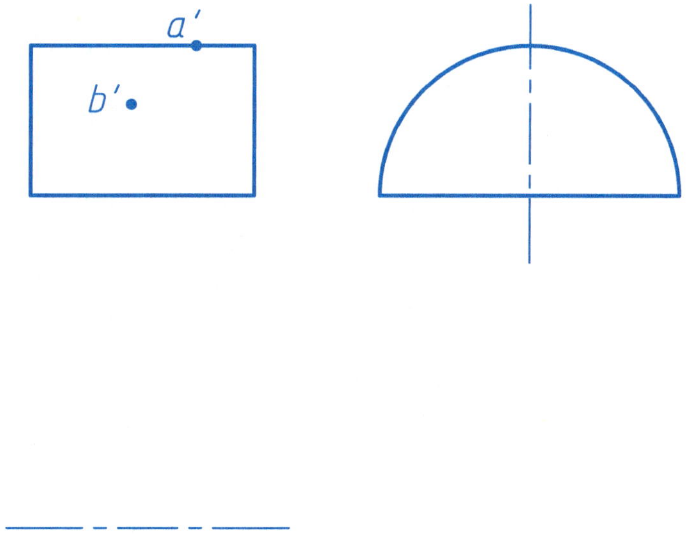

3）

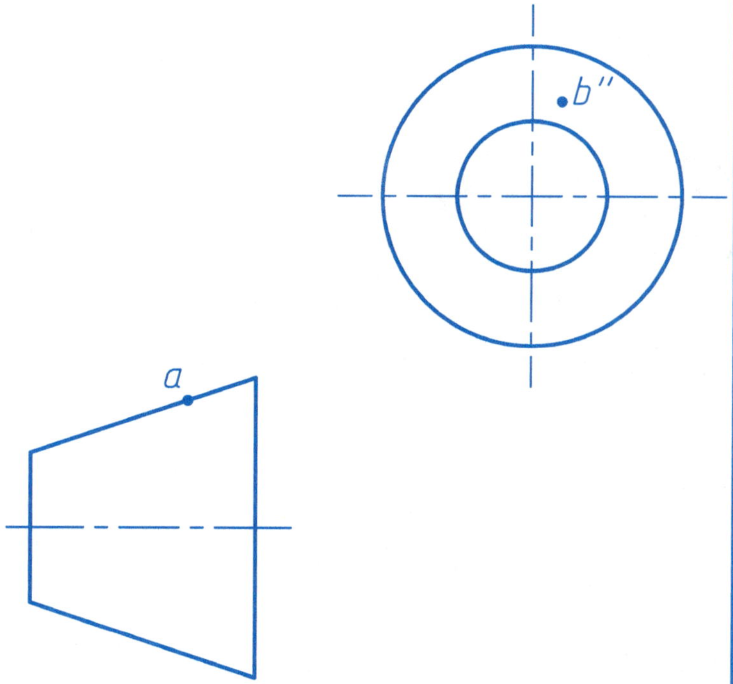

班级________ 学号________ 姓名________

2-2 平面立体切口

1. 已知主视图和俯视图，补画左视图。

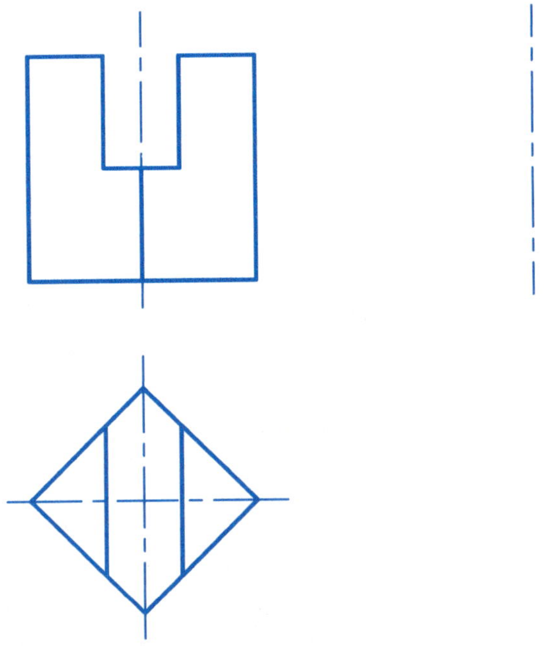

2. 四棱锥被斜切，请补全俯视图，并画出其左视图。

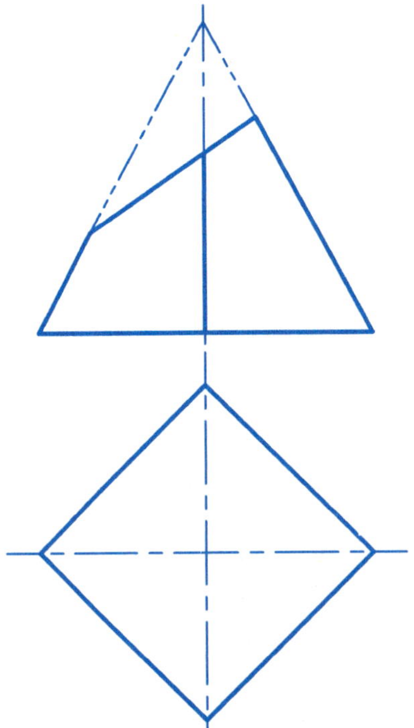

3. 已知主视图和俯视图，补画左视图。

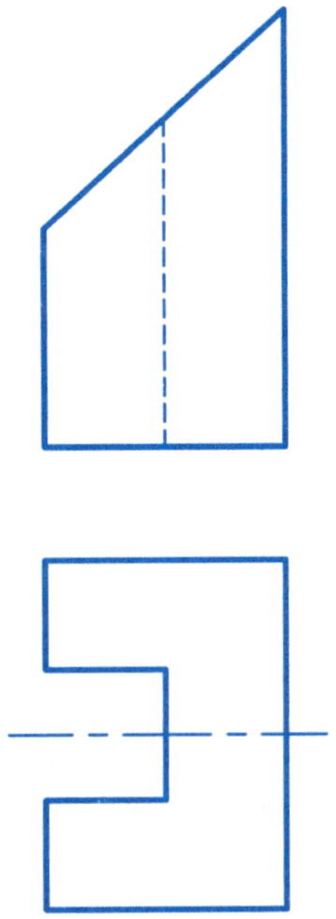

4. 已知主视图和左视图，补画俯视图。

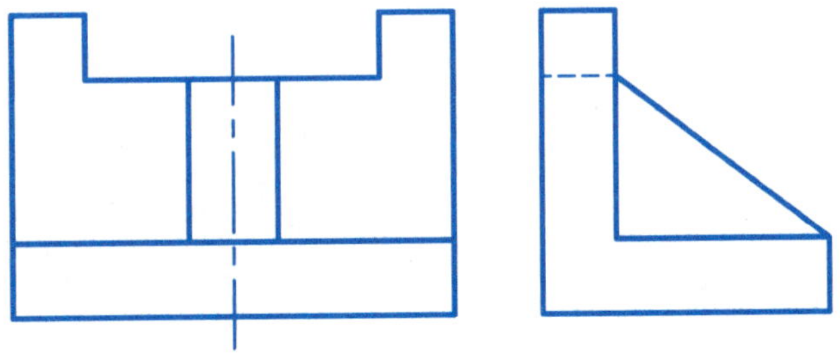

5. 已知主视图和俯视图，补画左视图。

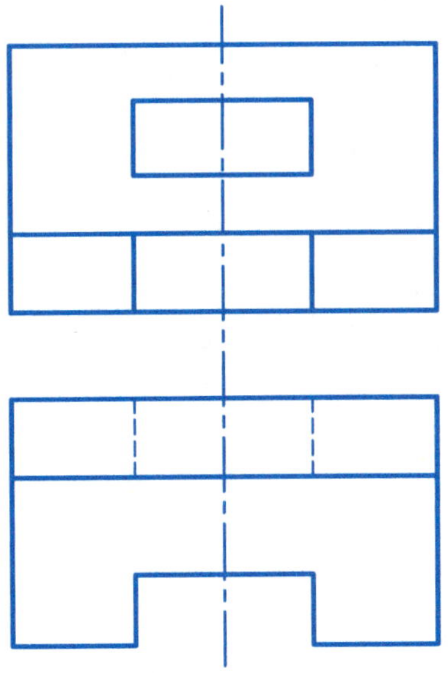

6. 已知主视图和俯视图，补画左视图。

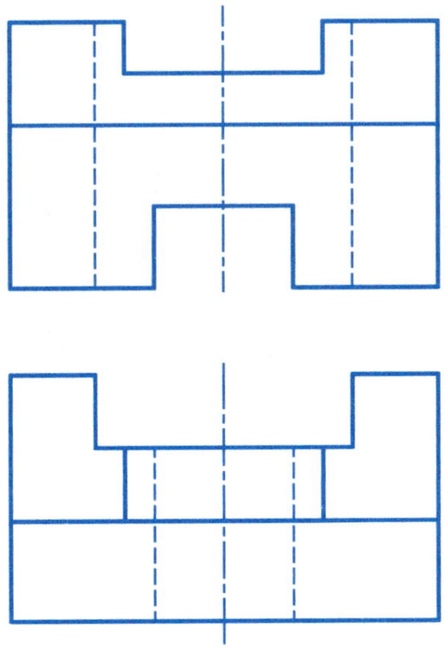

2-3 回转体切口

1. 已知主视图和左视图，补画俯视图。

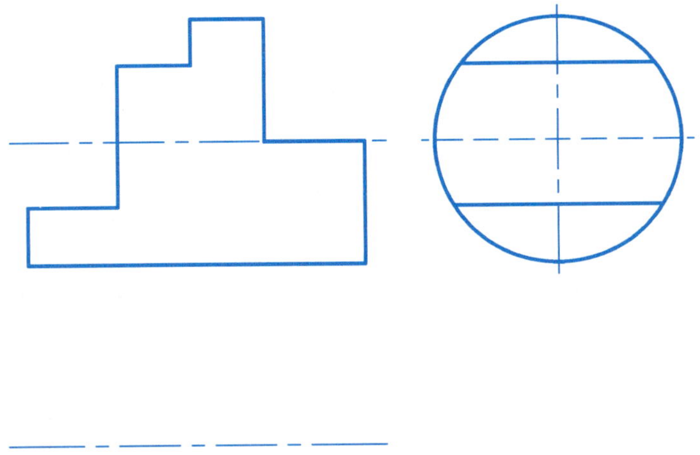

2. 已知主视图和左视图，补画俯视图。

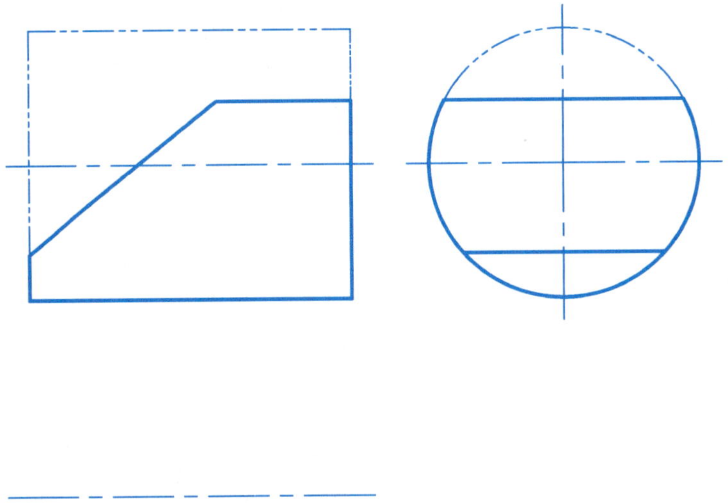

3. 已知主视图和俯视图，补画左视图。

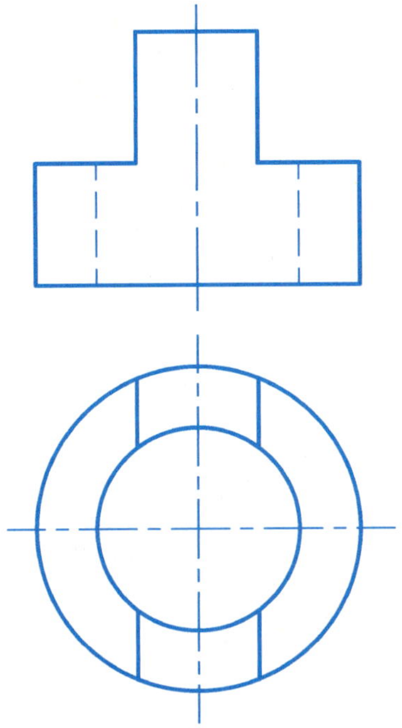

4.已知主视图和俯视图，补画左视图。

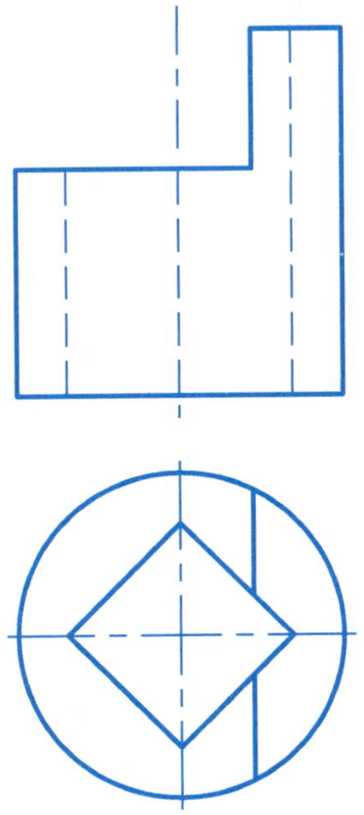

5. 已知主视图和左视图，补画俯视图。

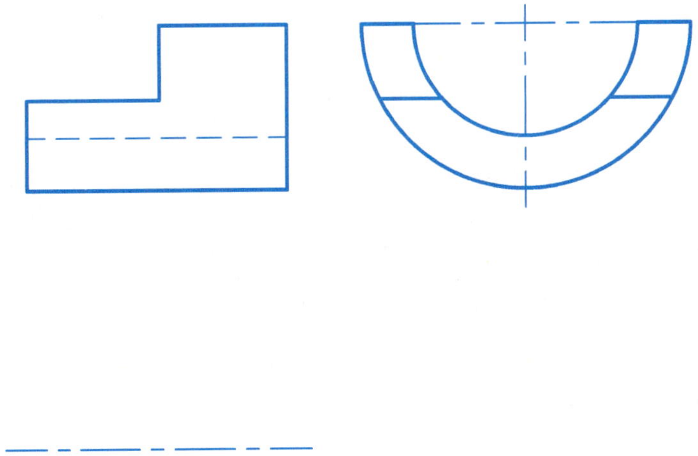

6. 补全下面被截切圆柱的主视图和俯视图。

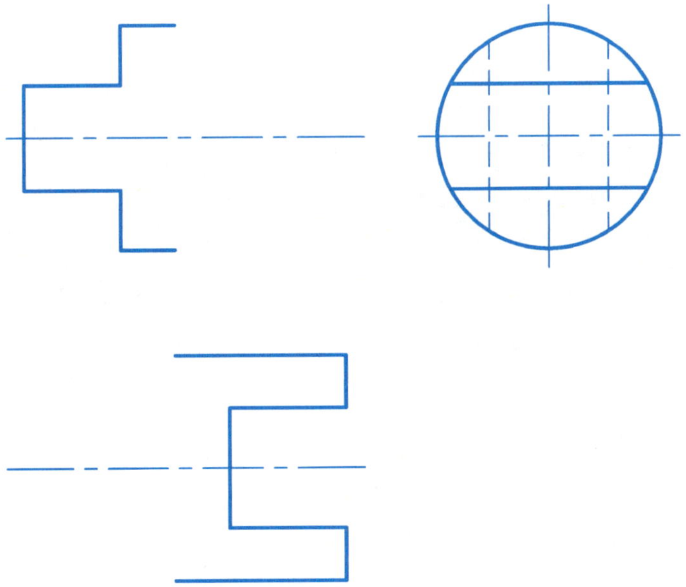

2-3 回转体切口

1. 已知主视图和左视图，补画俯视图。

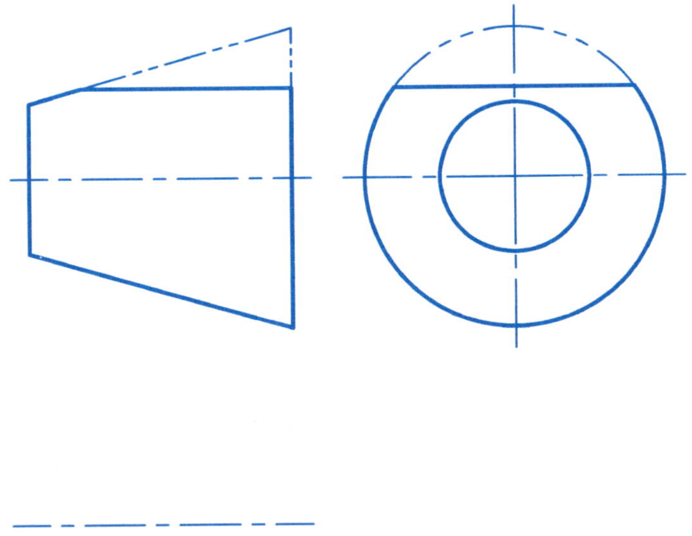

2. 已知主视图，补全俯视图并画出左视图。

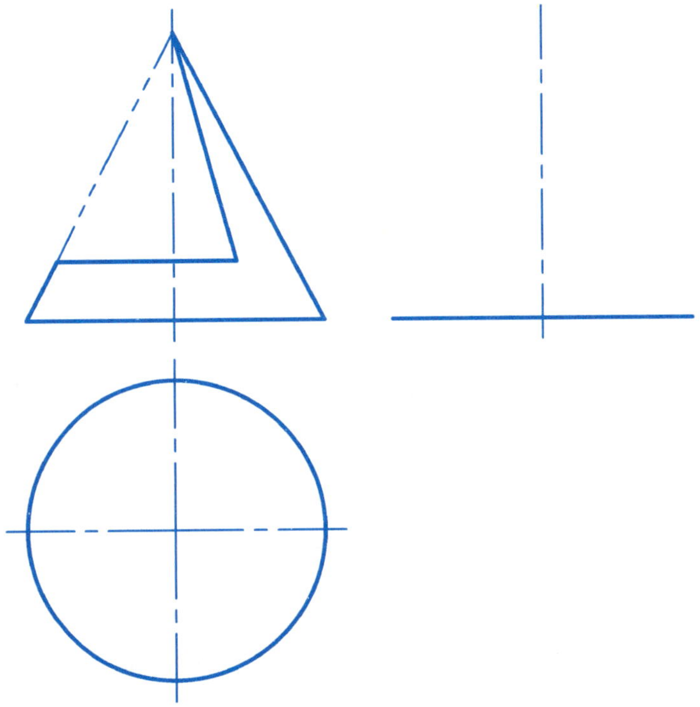

3. 已知左视图，补全俯视图并画出主视图。

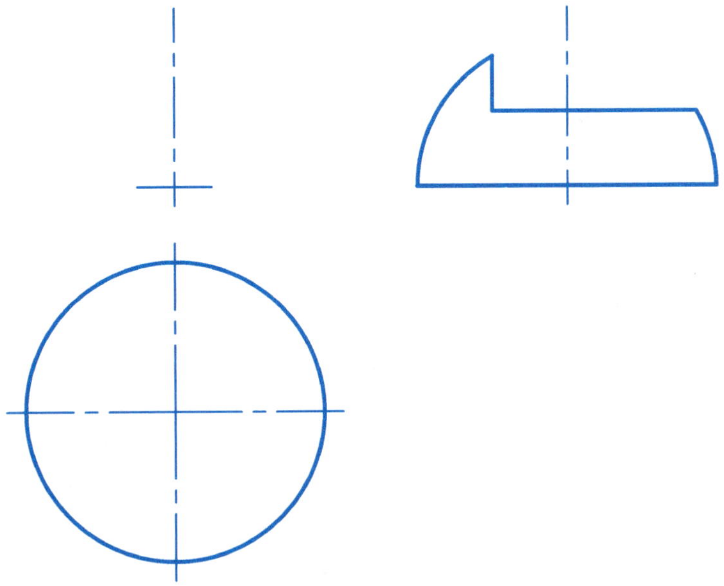

4. 已知主视图和左视图，补画俯视图。

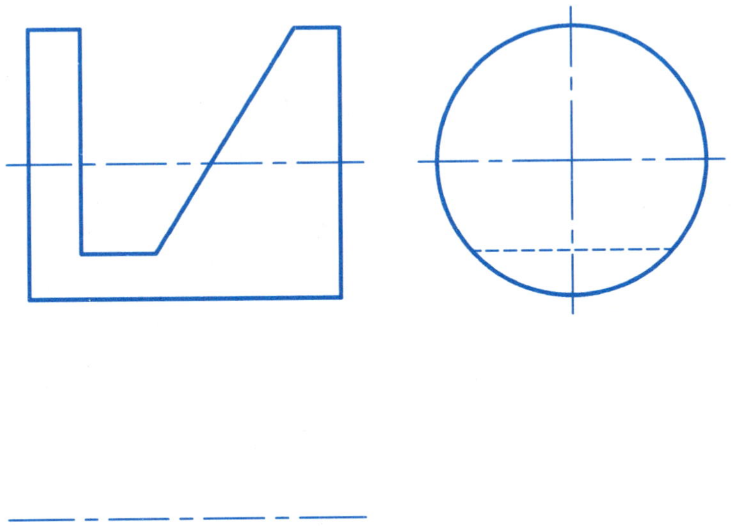

5. 已知主视图和左视图，补画俯视图。

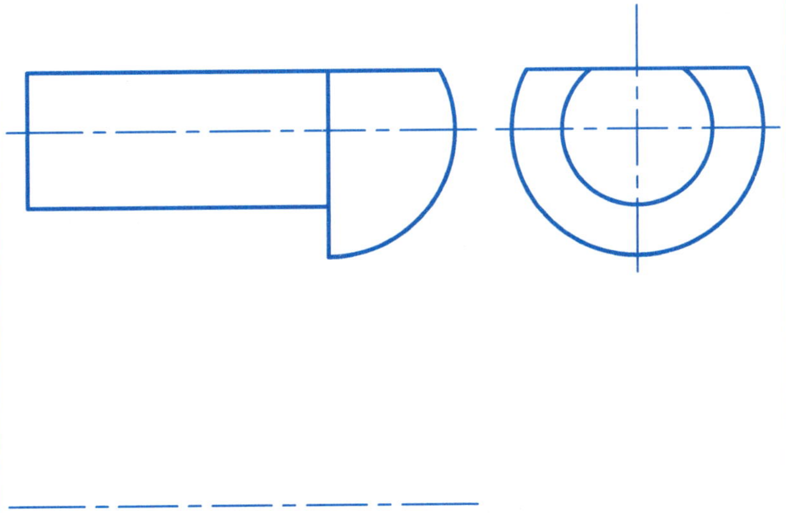

6. 已知主视图和左视图，补画俯视图。

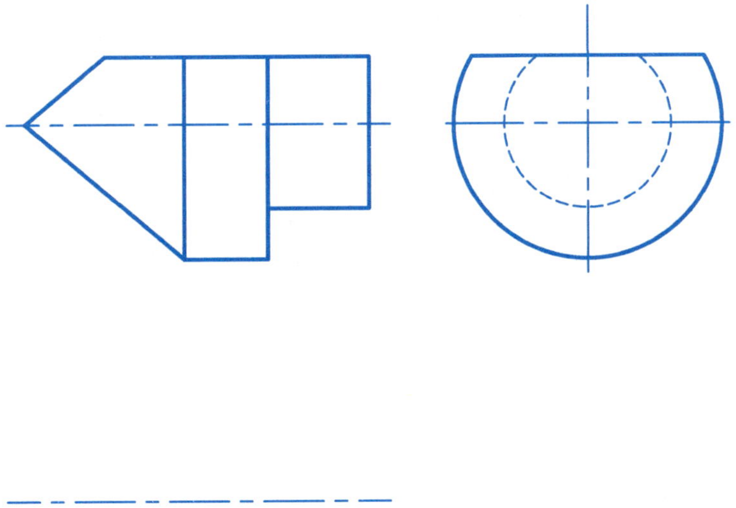

班级__________ 学号__________ 姓名__________

2-3 回转体切口　补全以下三视图。

1.

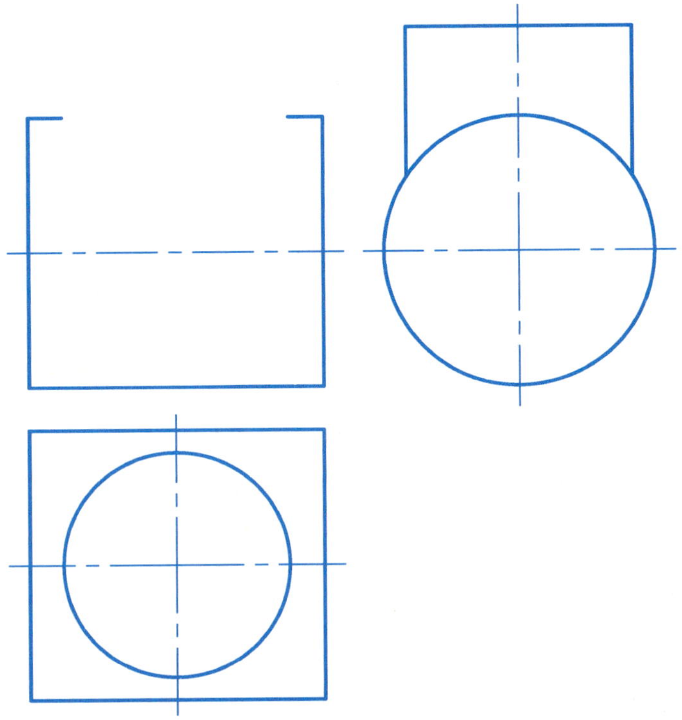

2.

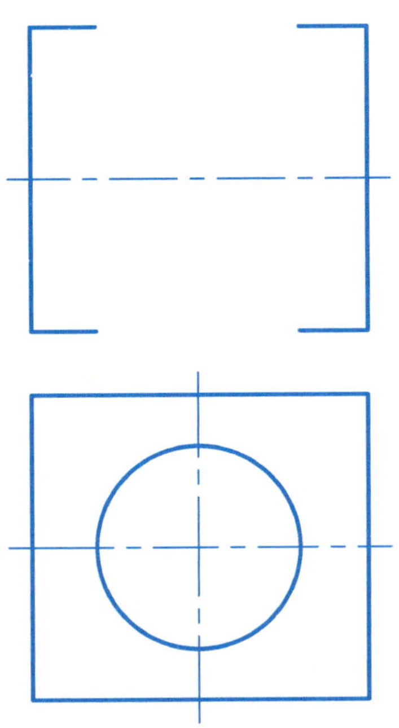

3.

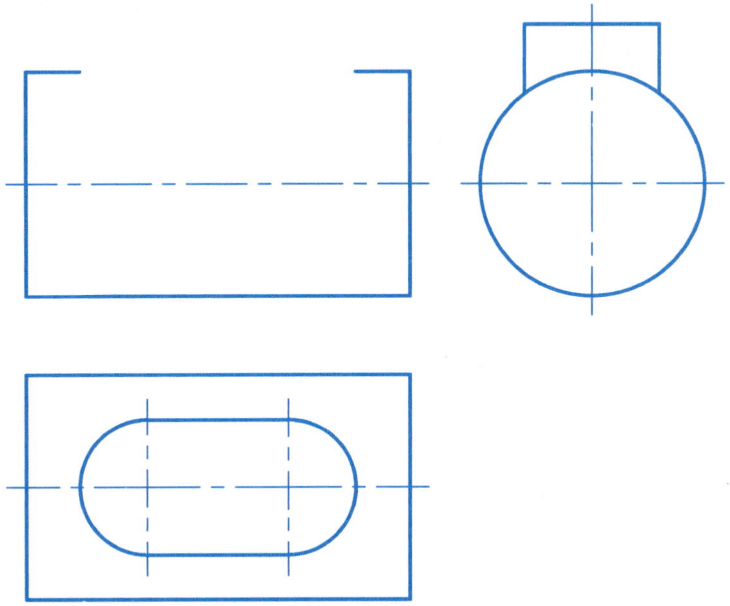

4.

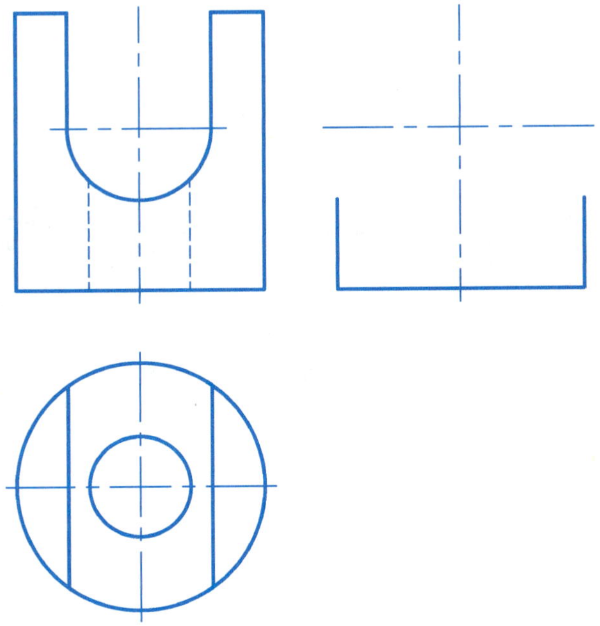

5.

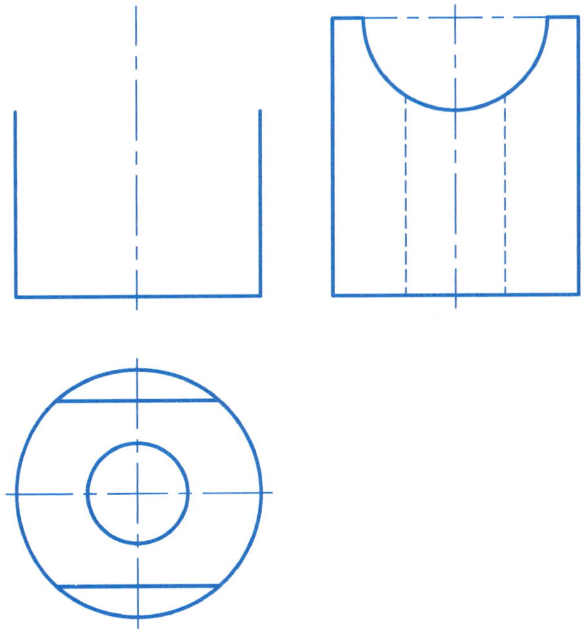

6.

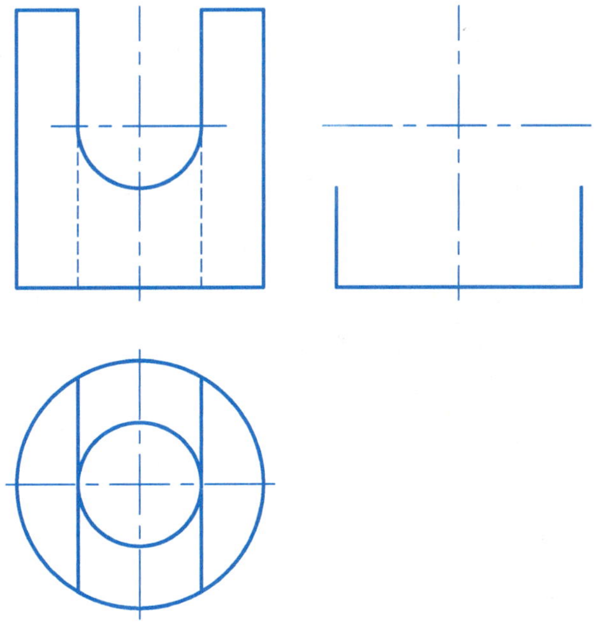

2-4 回转体相贯线 | 分析圆柱内、外表面的相贯线，并补全投影。

1.

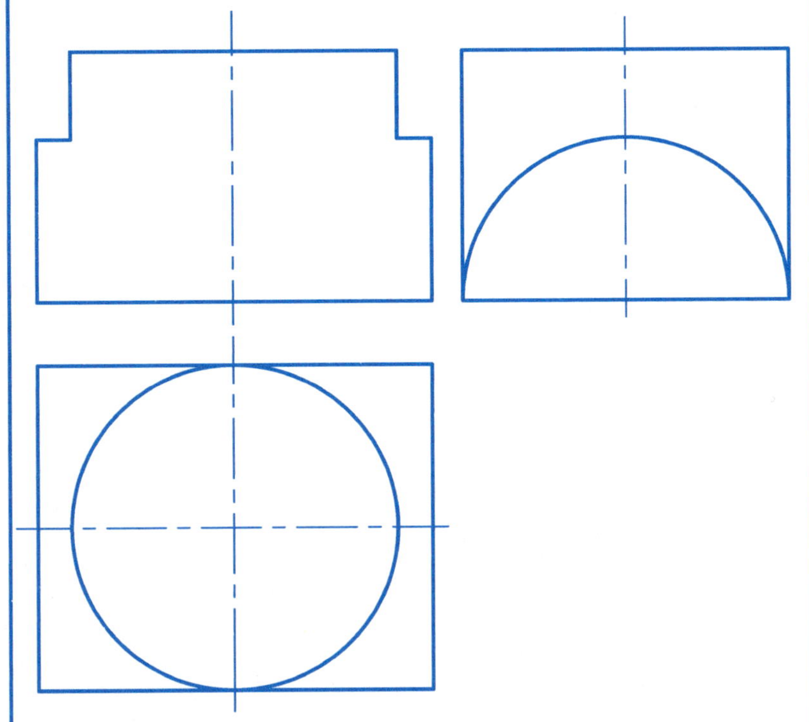

2.

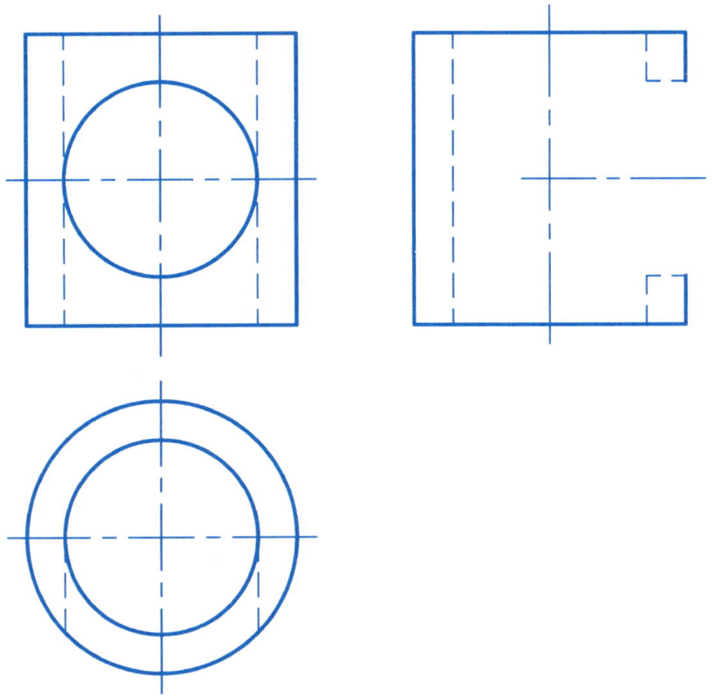

3.

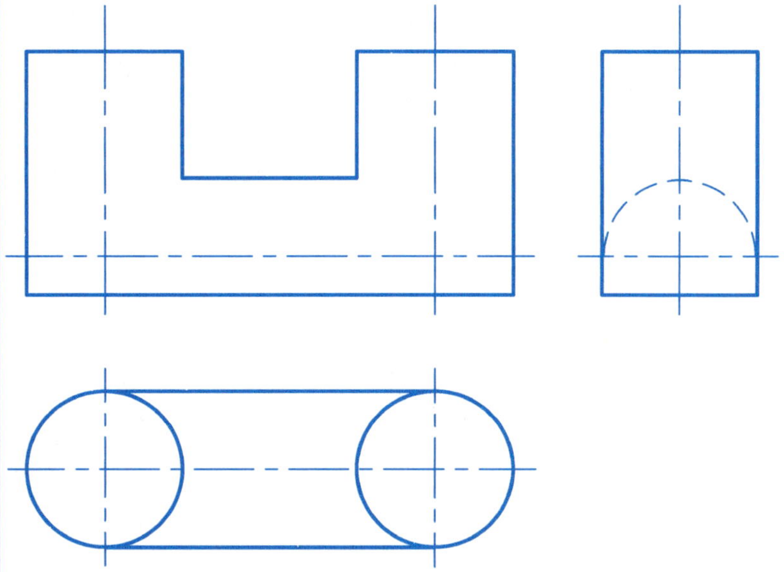

4.

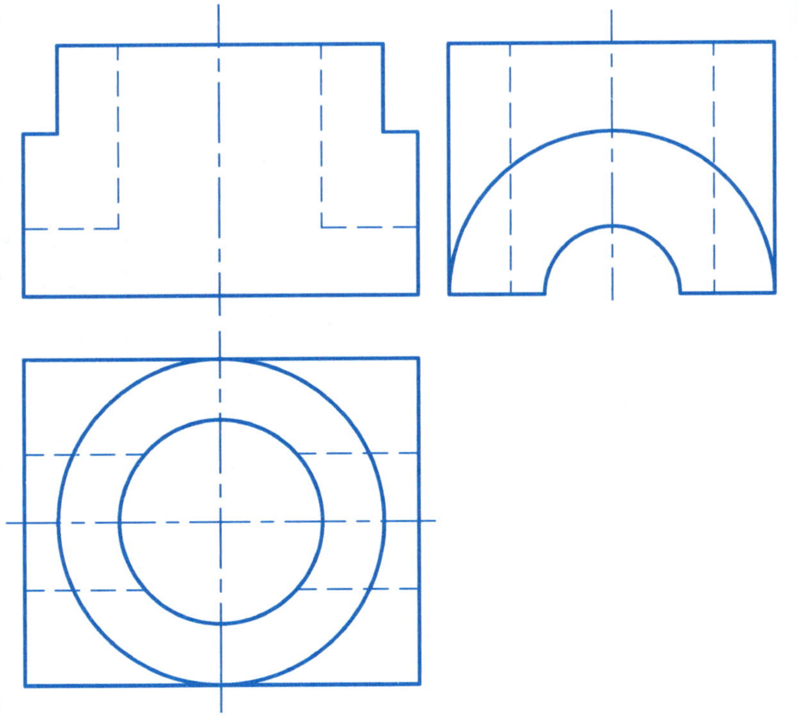

5.

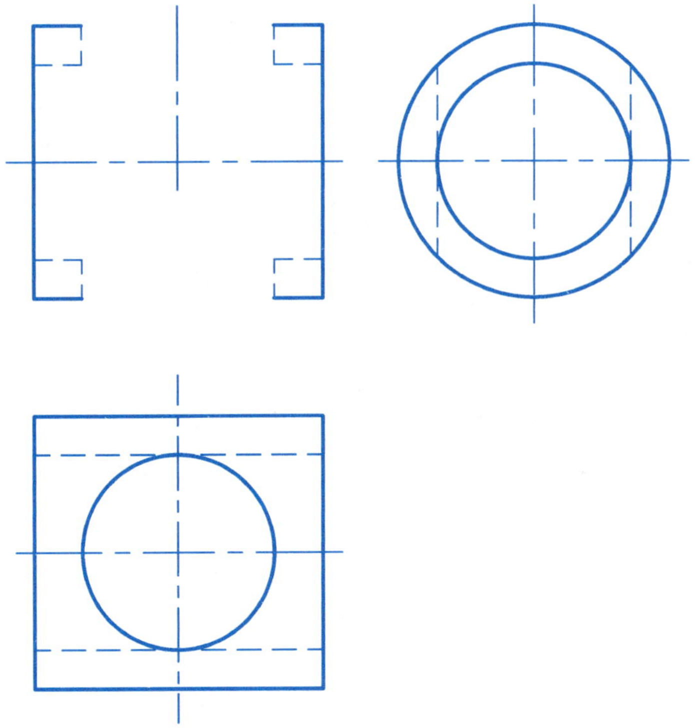

6.

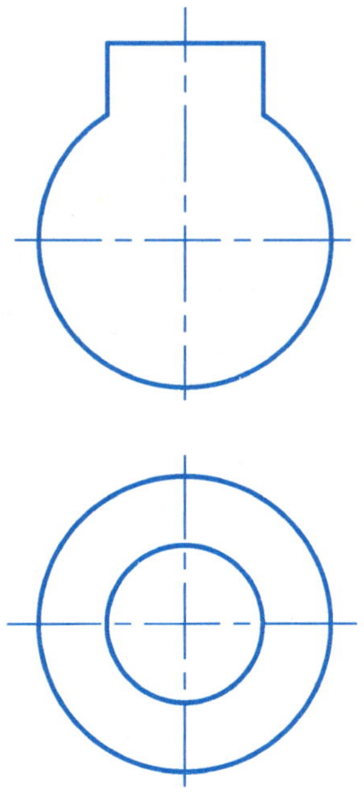

3-1 组合体构型

1. 已知主视图和俯视图，正确的左视图是_____。

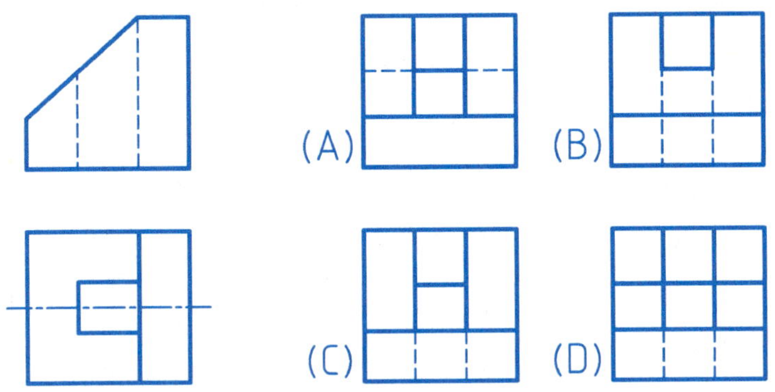

2. 已知主视图和俯视图，正确的左视图是_____。

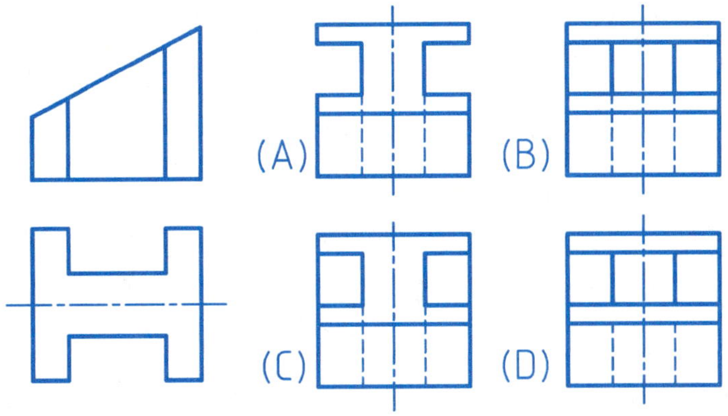

3. 已知主视图和俯视图，正确的左视图是_____。

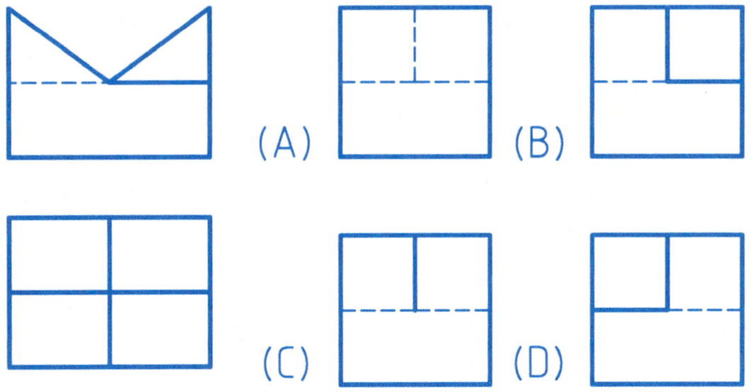

4. 已知主视图和左视图，正确的俯视图是_____。

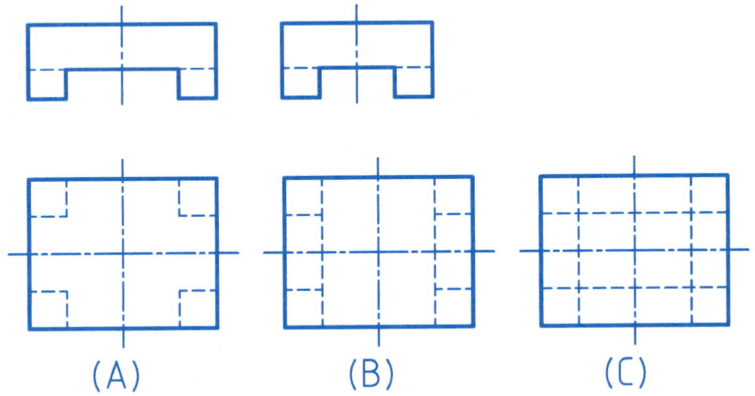

5. 已知主视图和左视图，正确的俯视图是_____。

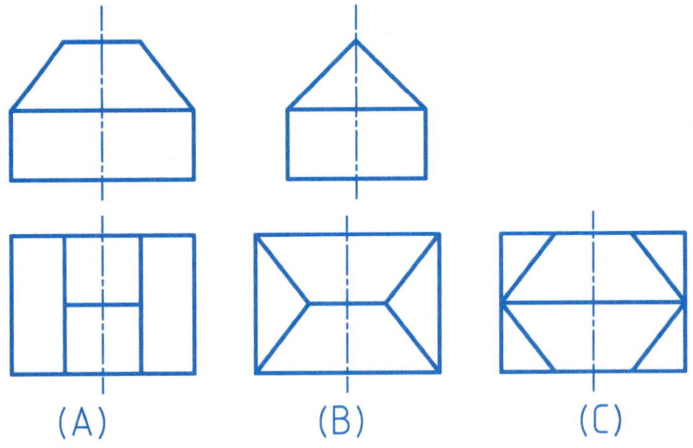

6. 已知主视图和左视图，正确的俯视图是_____。

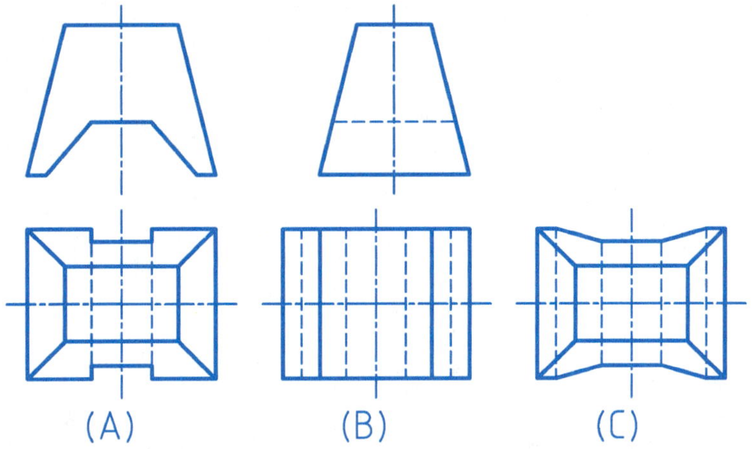

7. 已知主视图和俯视图，正确的左视图是_____。

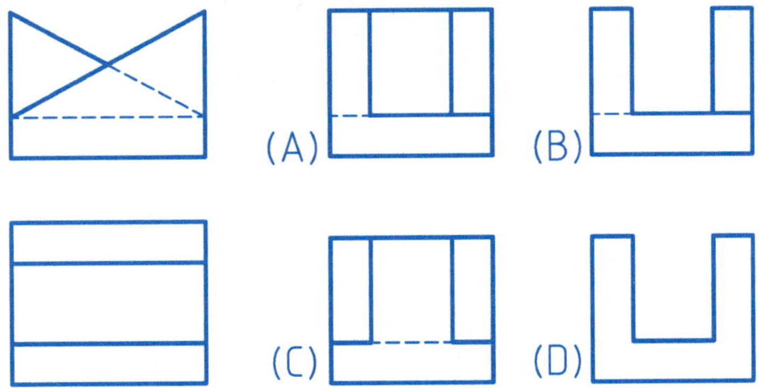

8. 已知主视图和俯视图，正确的左视图是_____。

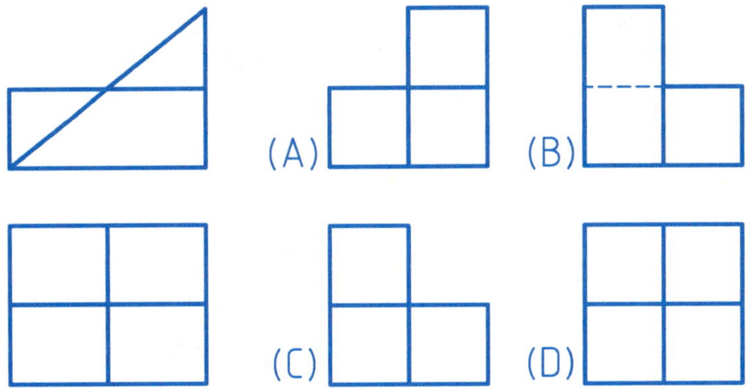

9. 已知主视图和俯视图，正确的左视图是_____。

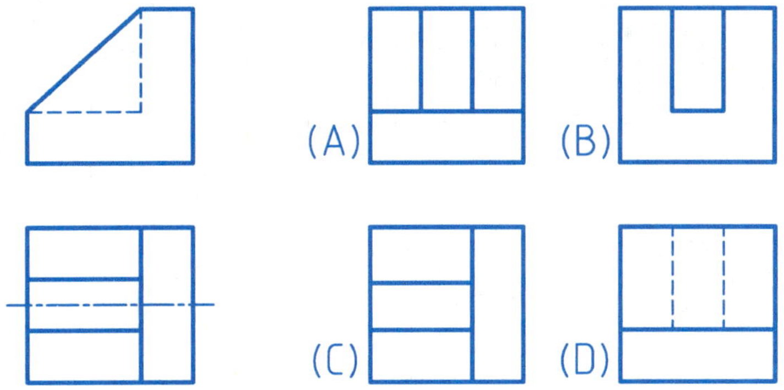

 班级__________ 学号__________ 姓名__________

3-2 画组合体	根据组合体的轴测图，画出下图的主视图和左视图。

1.

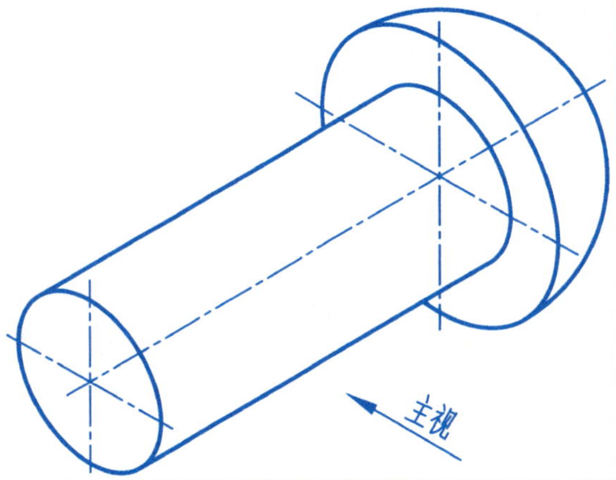

2.

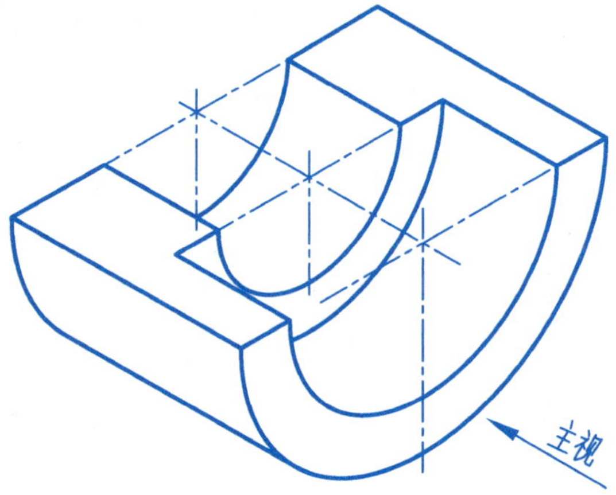

3.

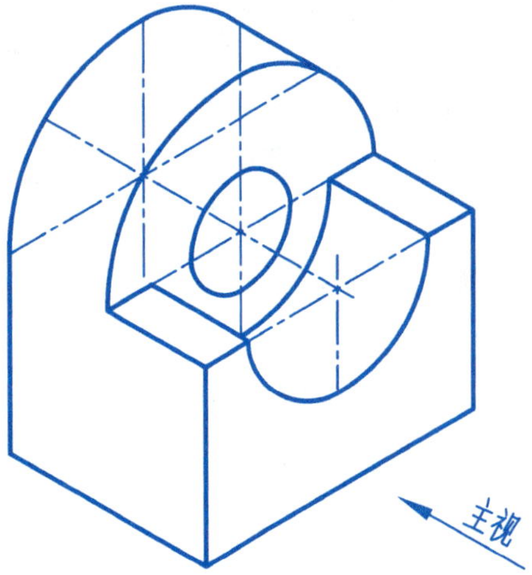

4.

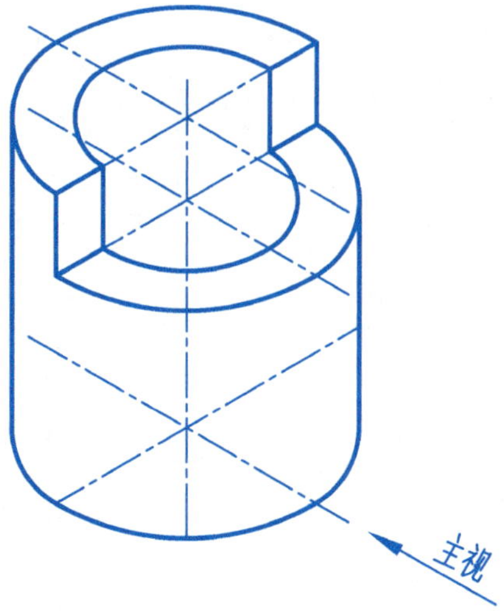

3-2 画组合体	根据组合体的轴测图，画出其三视图。

1.

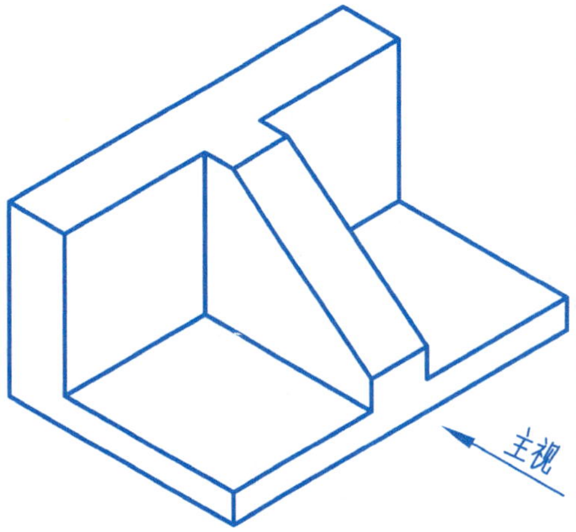

2.

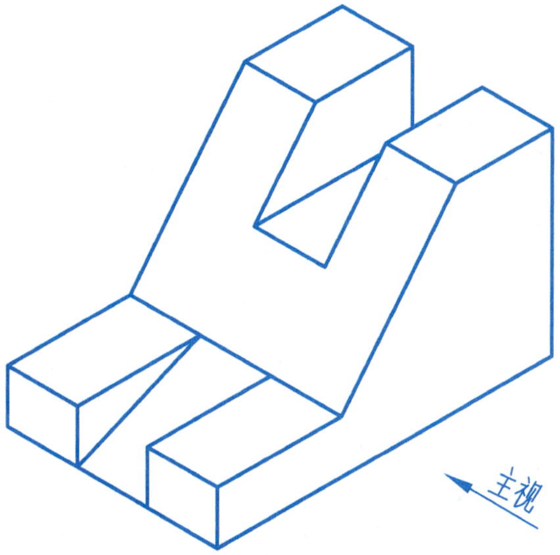

3.

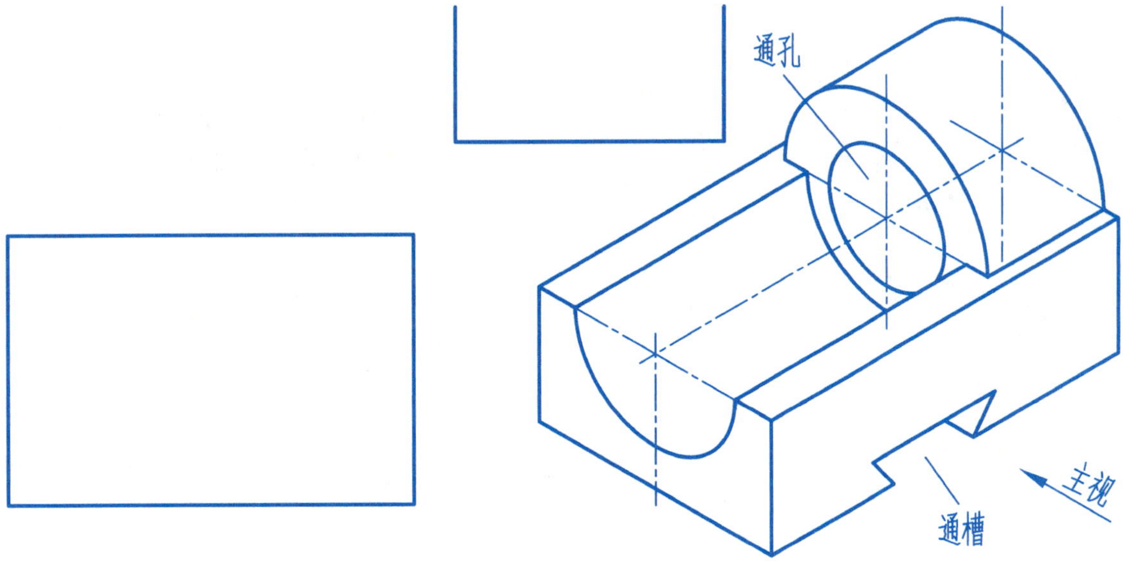

4.

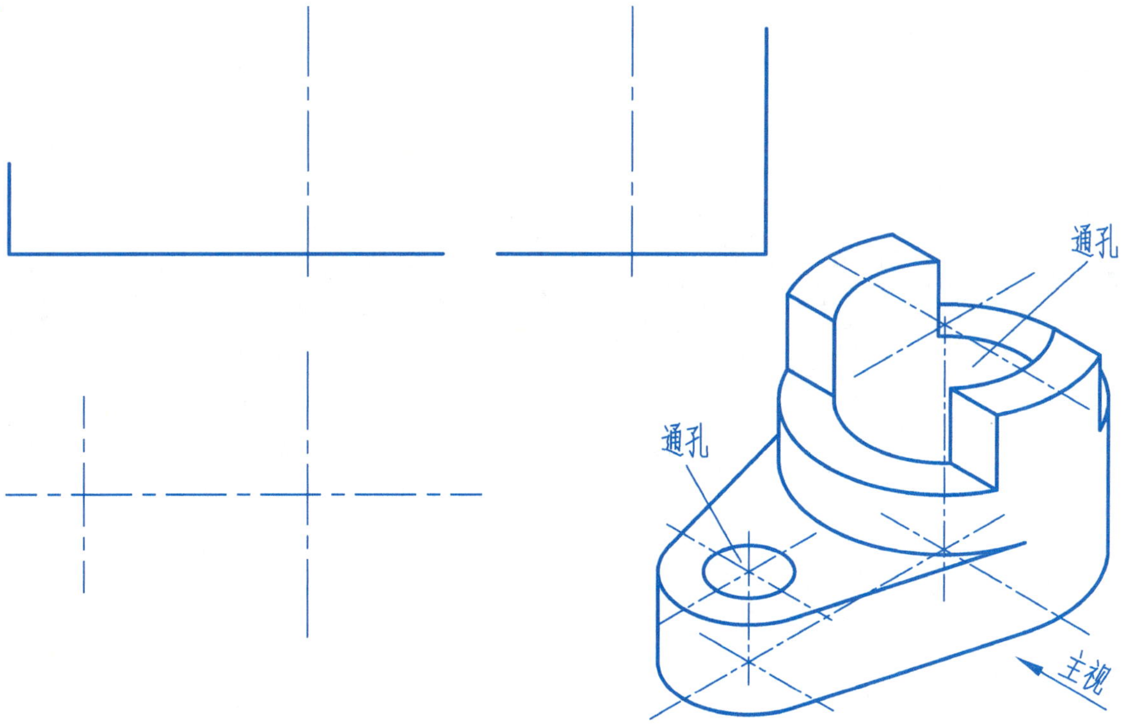

3-2 画组合体 | 根据组合体的轴测图和已给的一个视图，画出另两个视图。

1.

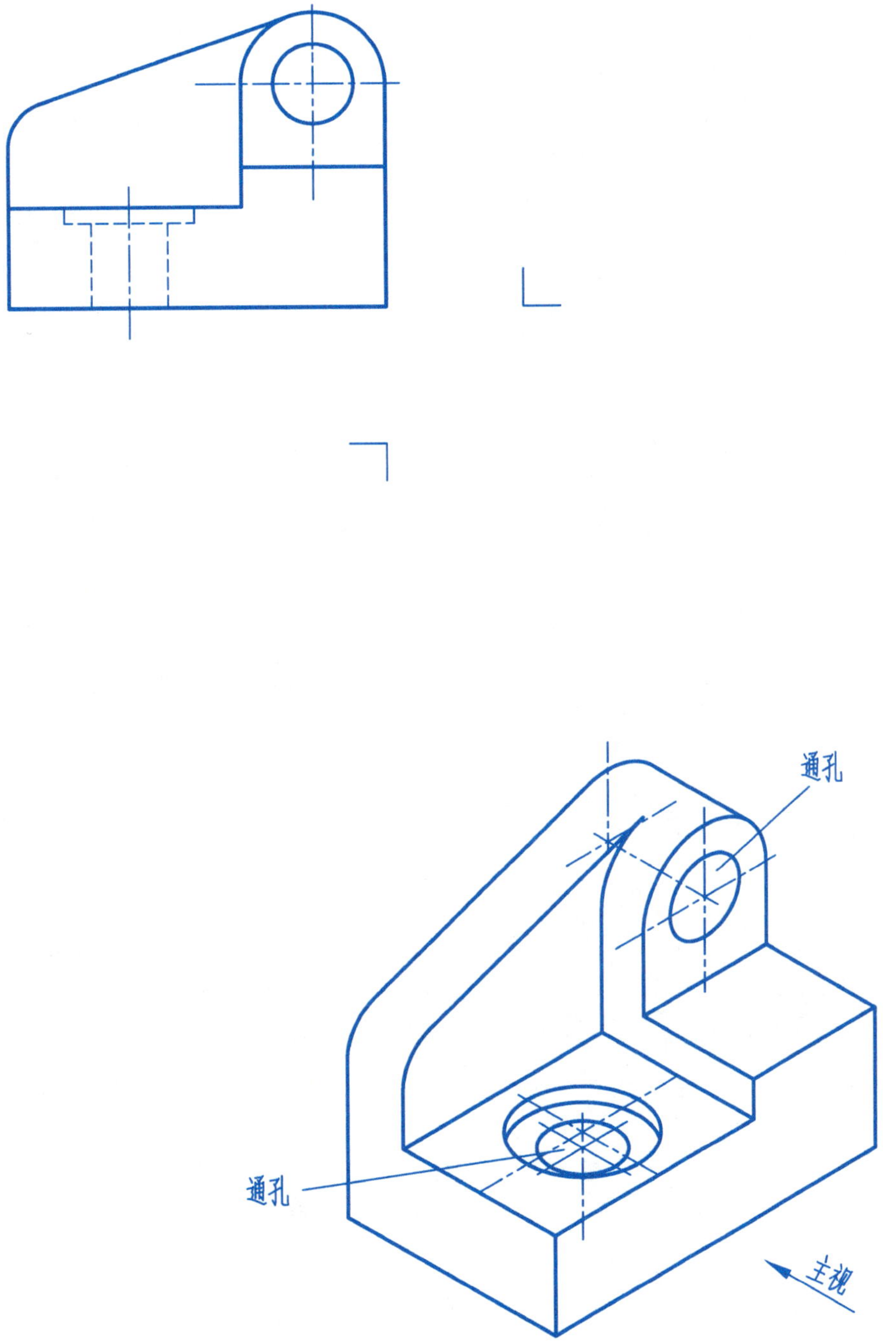

2.

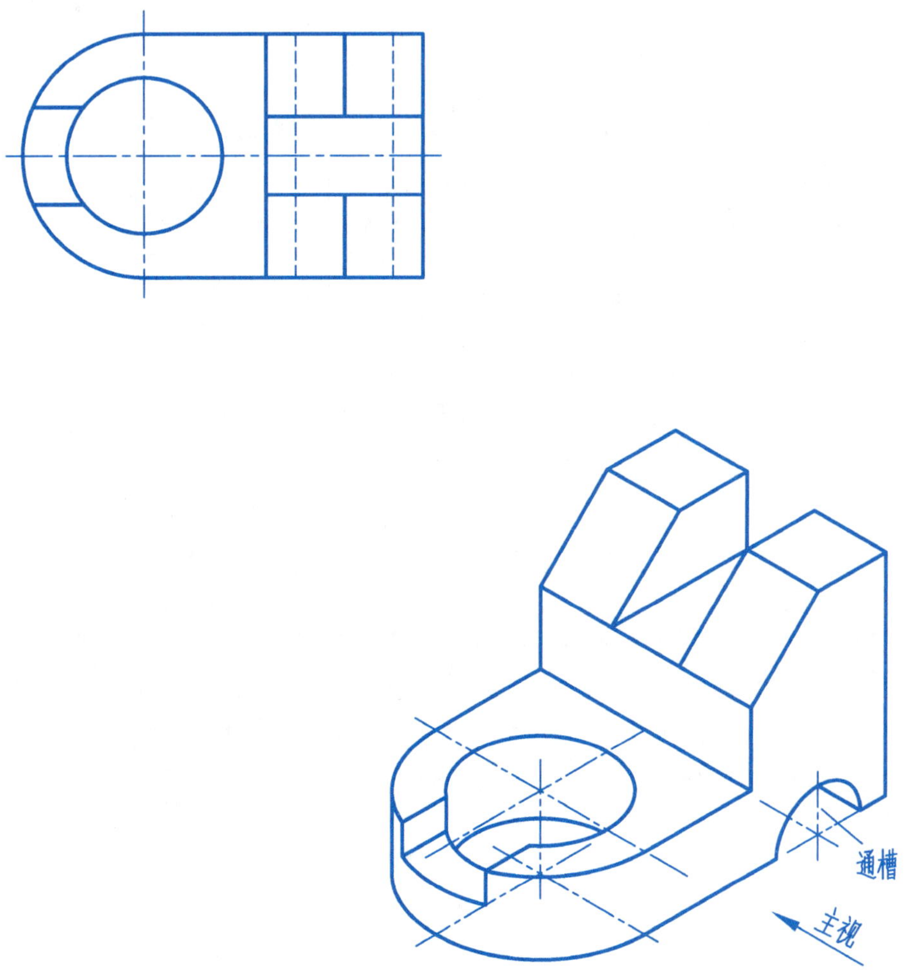

第3部分 组合体

班级__________ 学号__________ 姓名__________

3-3 组合体尺寸标注	标注以下组合体的尺寸，尺寸值按照1：1从图中量取并取整。

1.

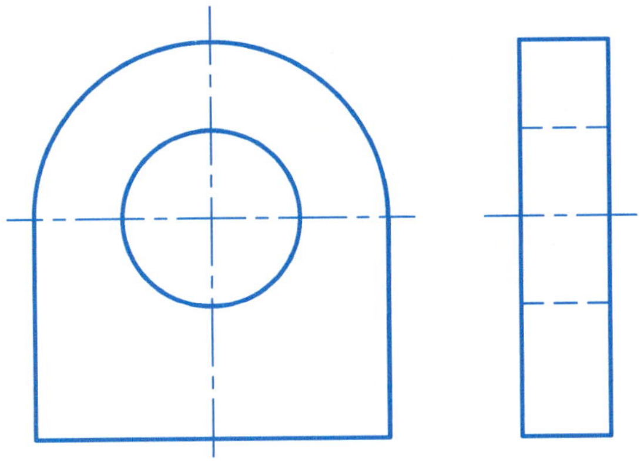

2.

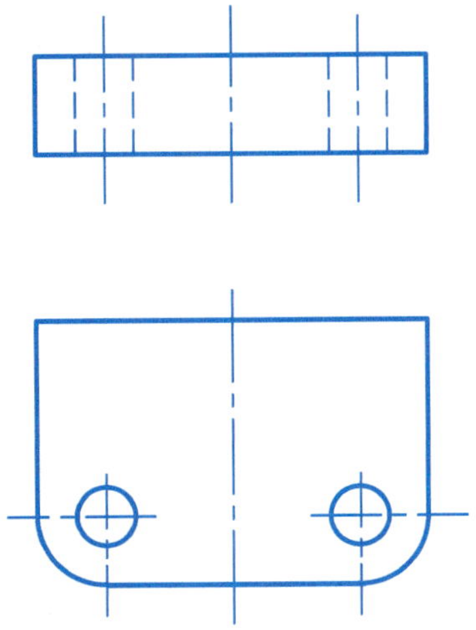

3.

4.

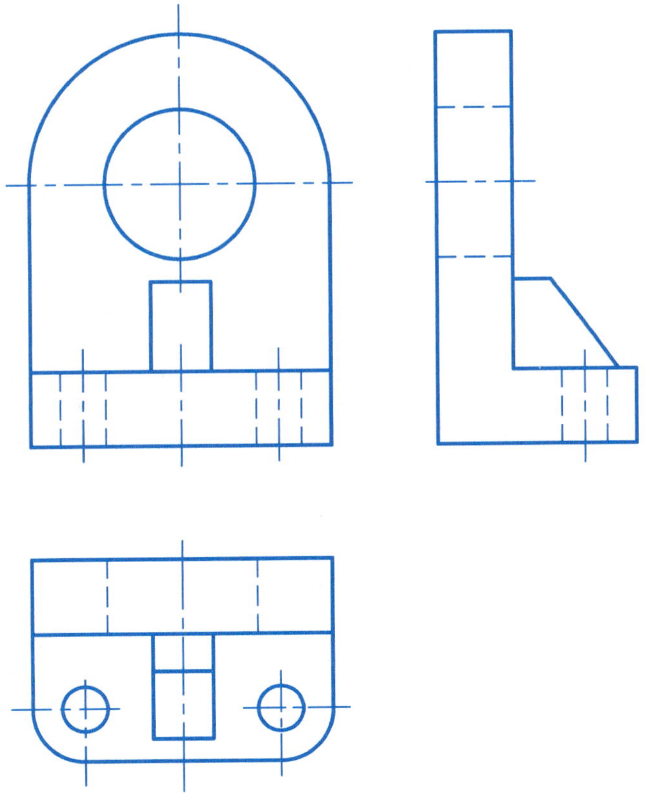

5.

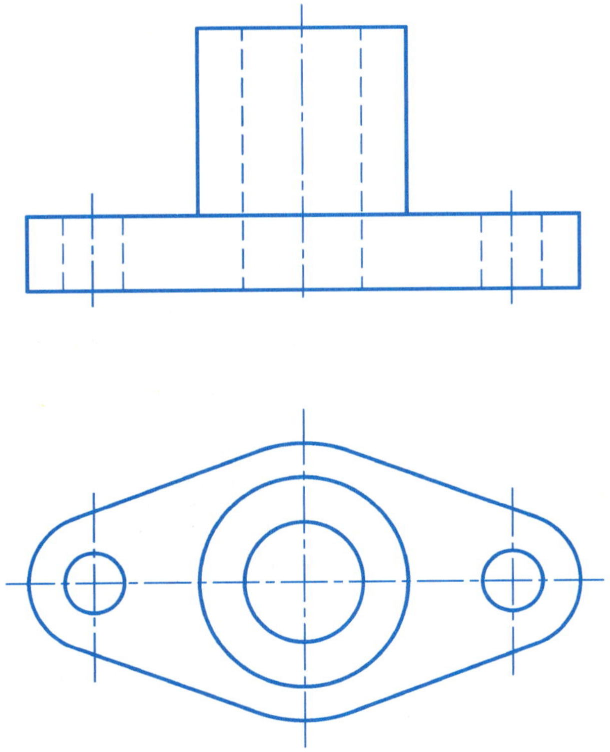

6.

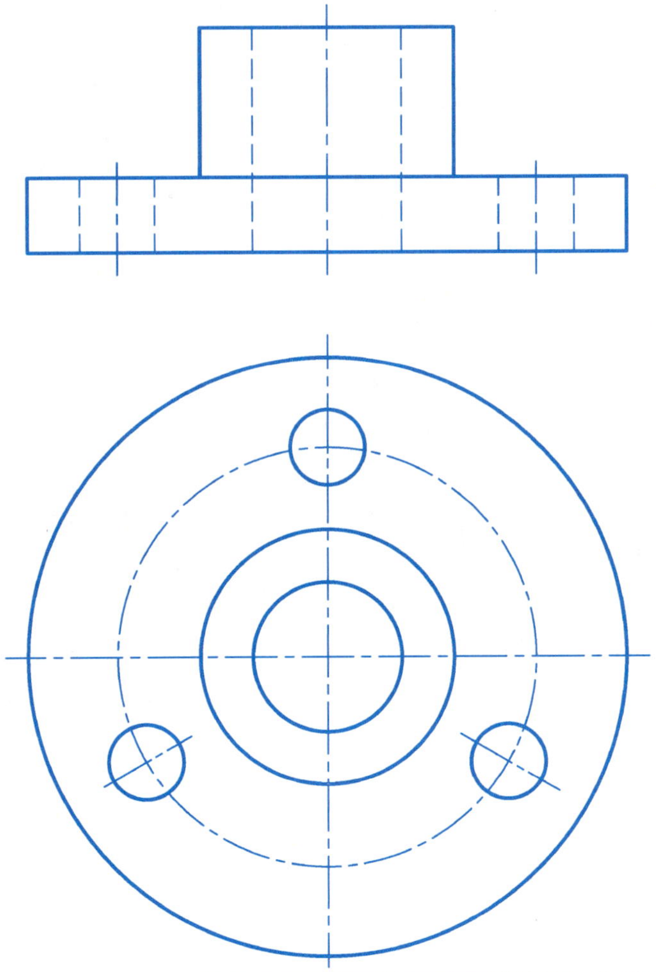

3-3 组合体尺寸标注 | 标注以下组合体的尺寸，尺寸值按照1∶1从图中量取并取整。

1.

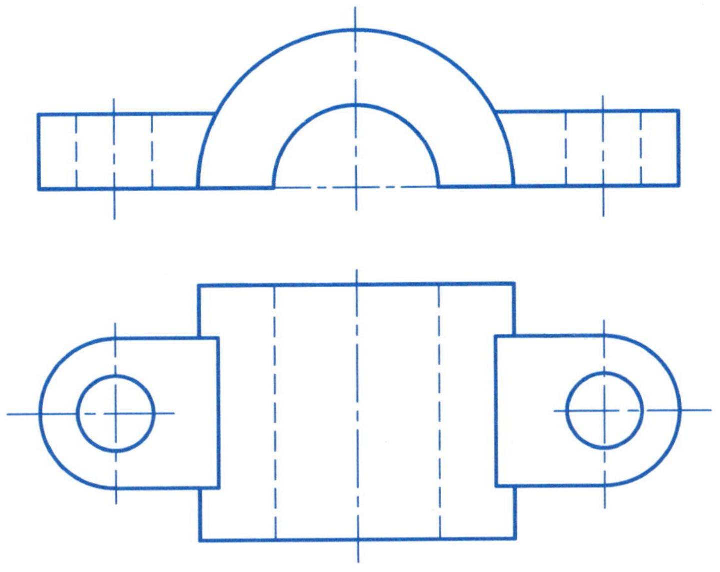

2.

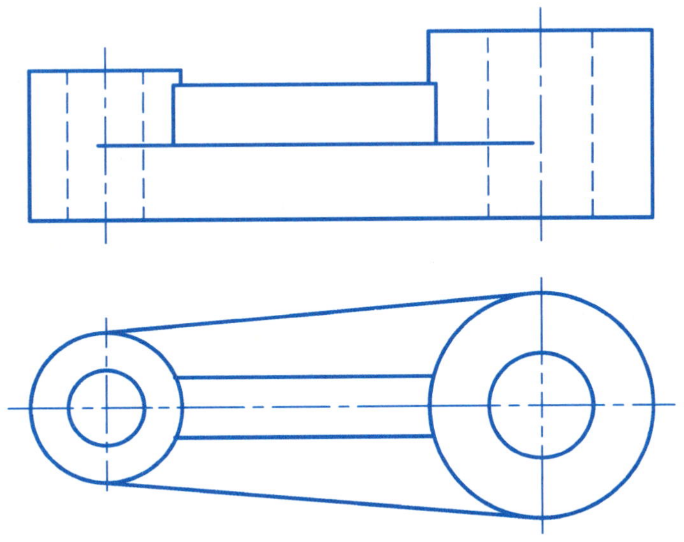

3.

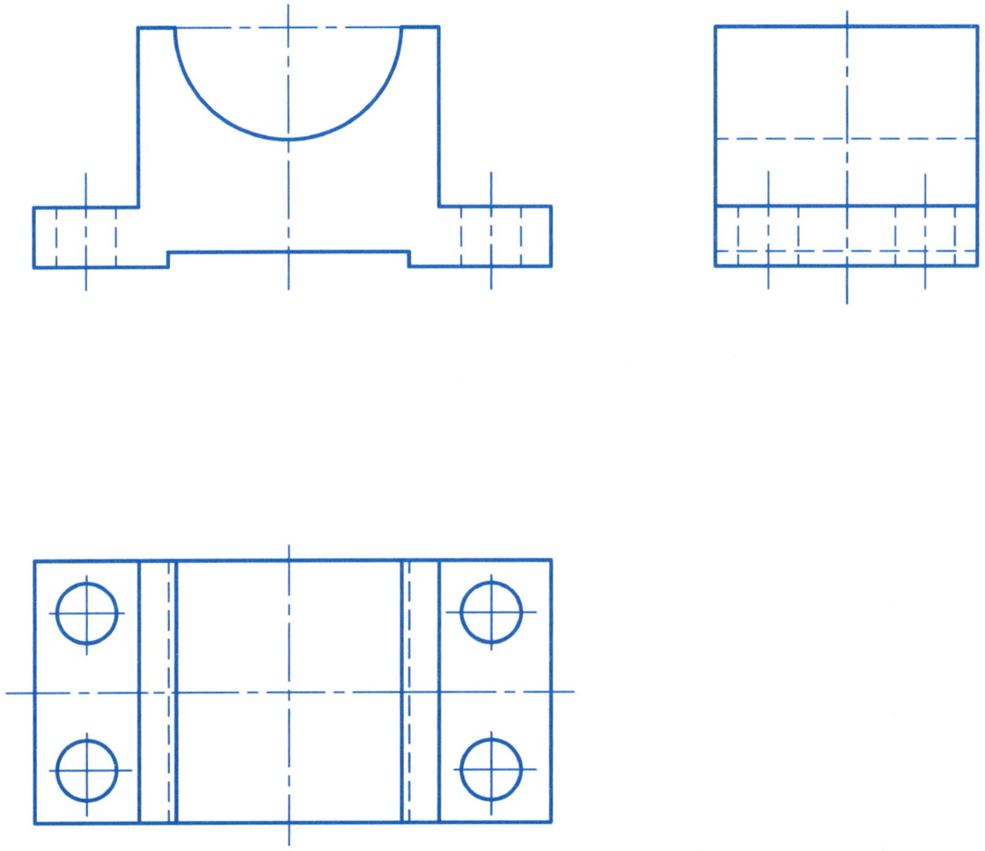

3-4 读组合体视图　已知组合体的两个视图，补画第三视图。

1.

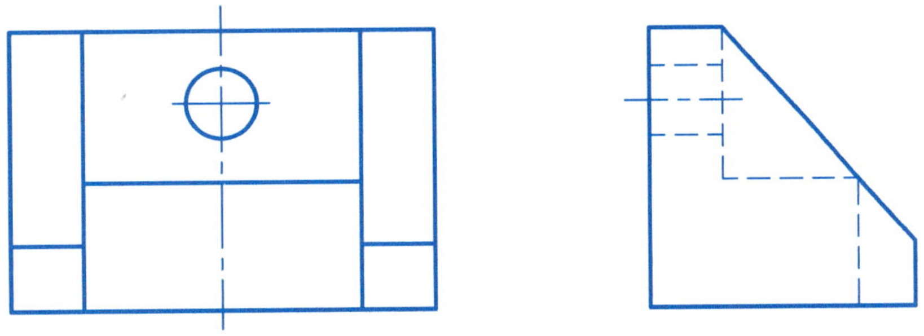

2.

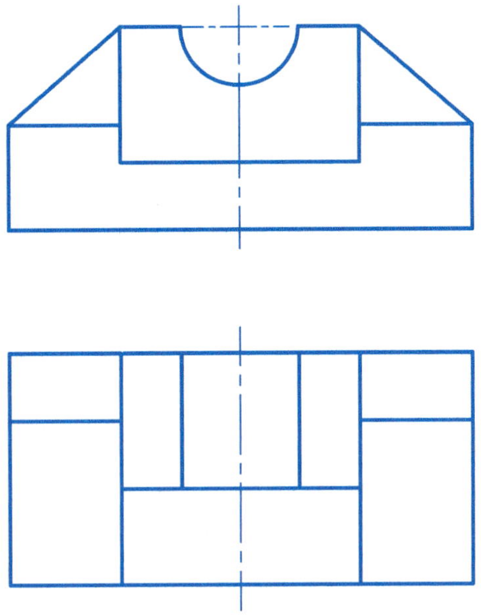

3.

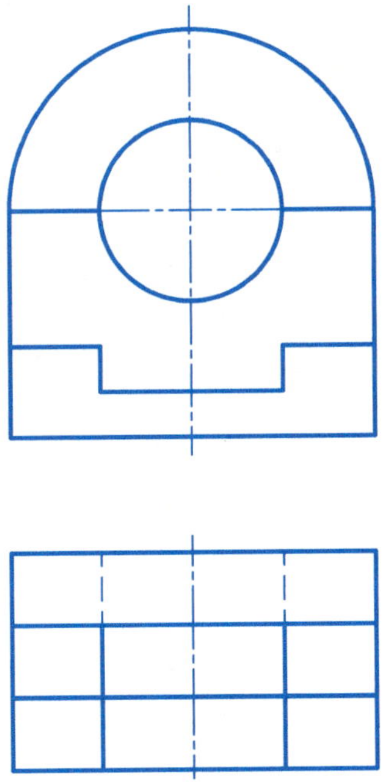

4.

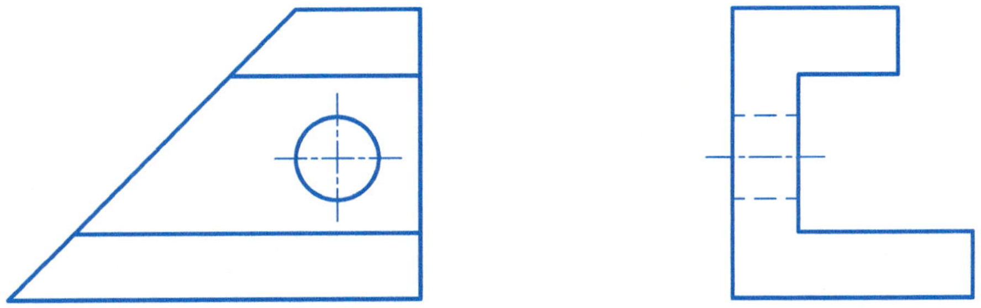

3-4 读组合体视图　已知组合体的两个视图，补画第三视图。

1.

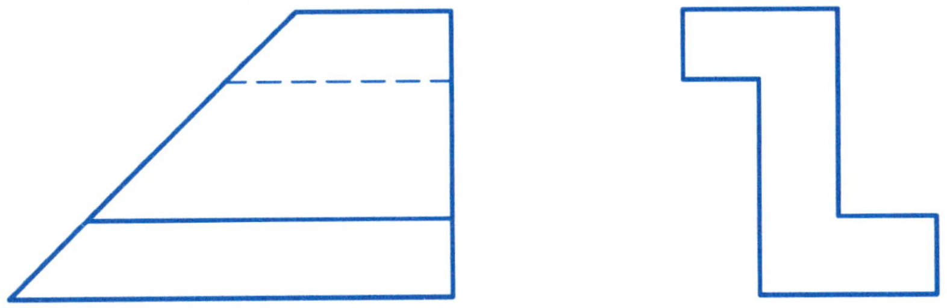

2.

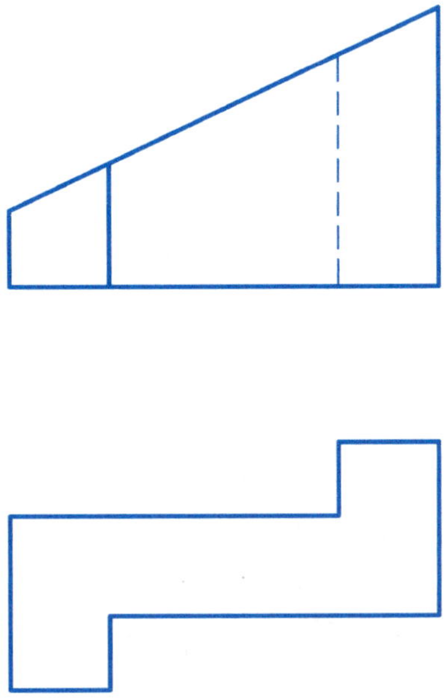

3.

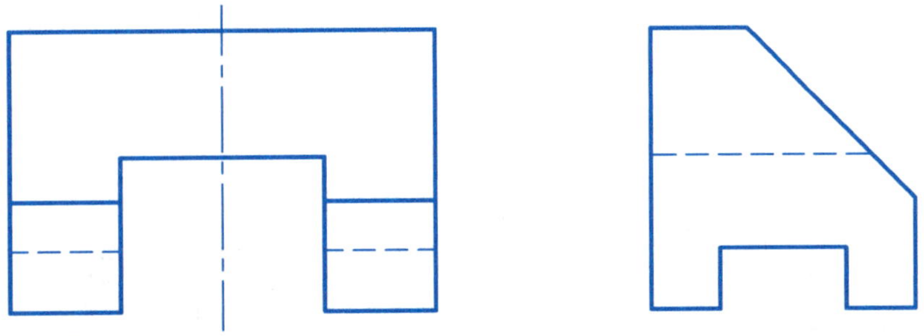

4.

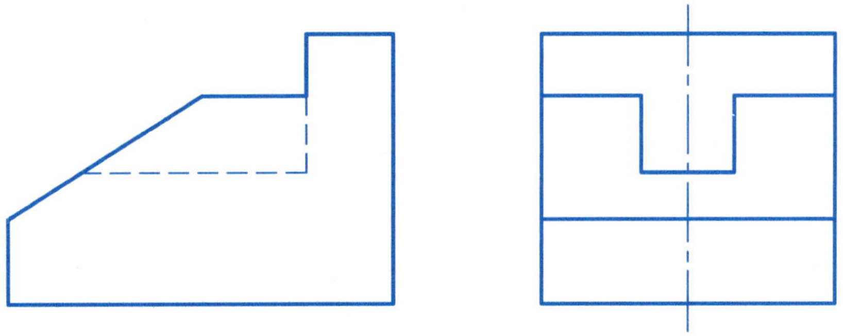

3-4 读组合体视图	补画各视图中漏掉的线。

1.

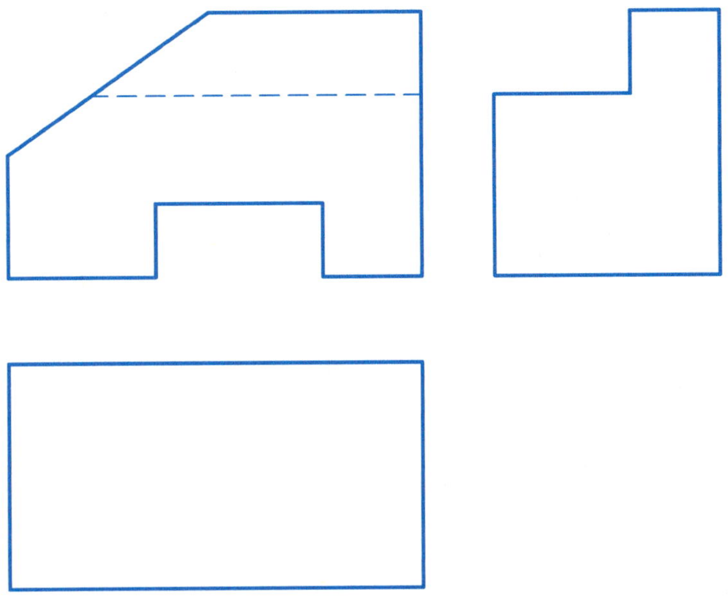

2.

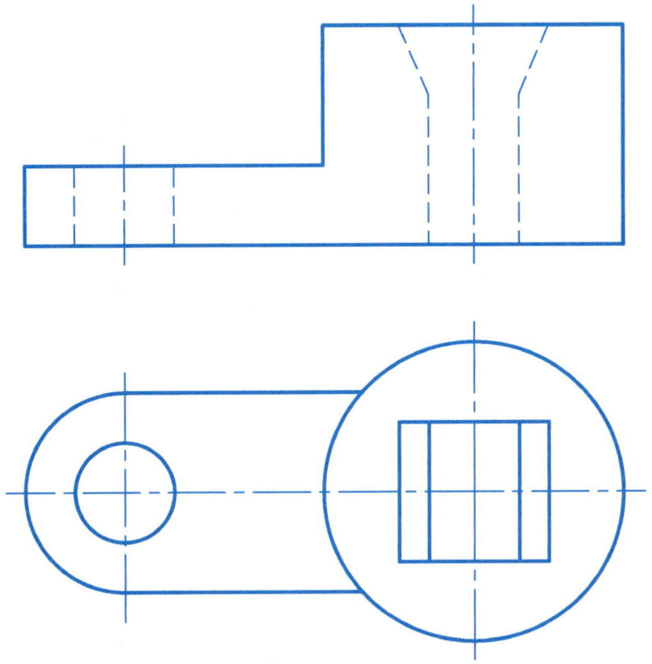

3.

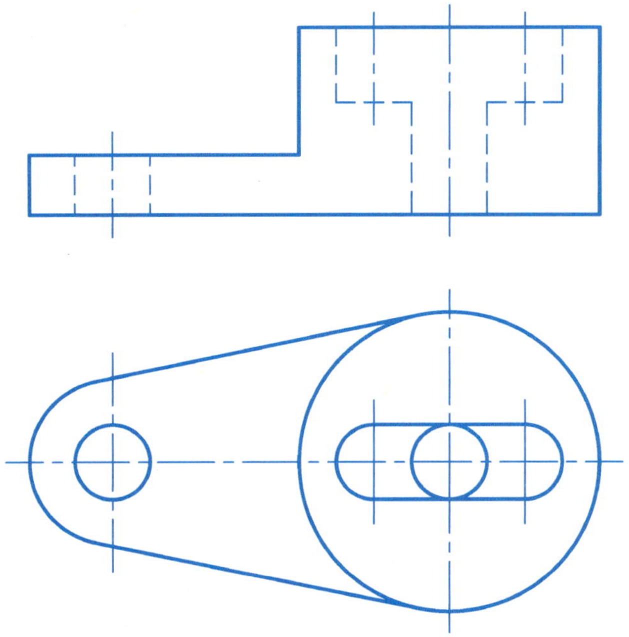

4.

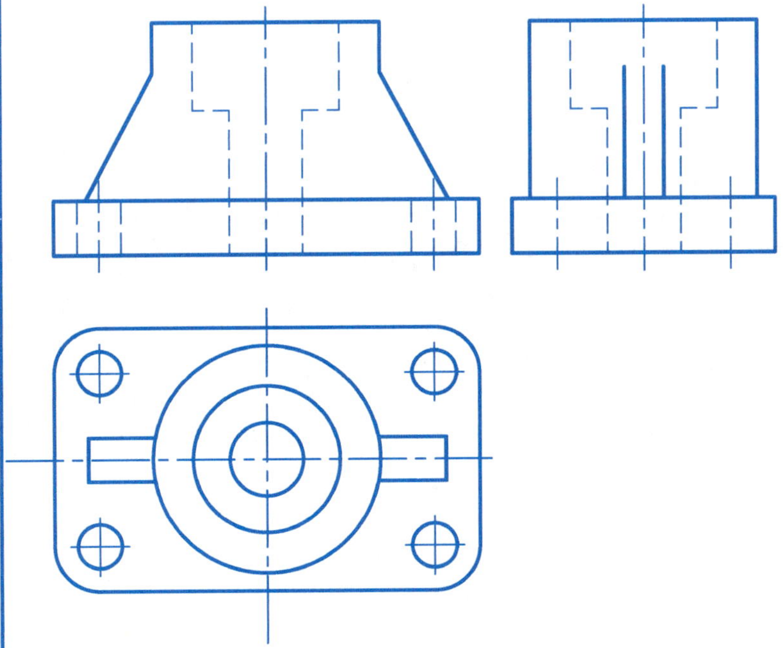

5.

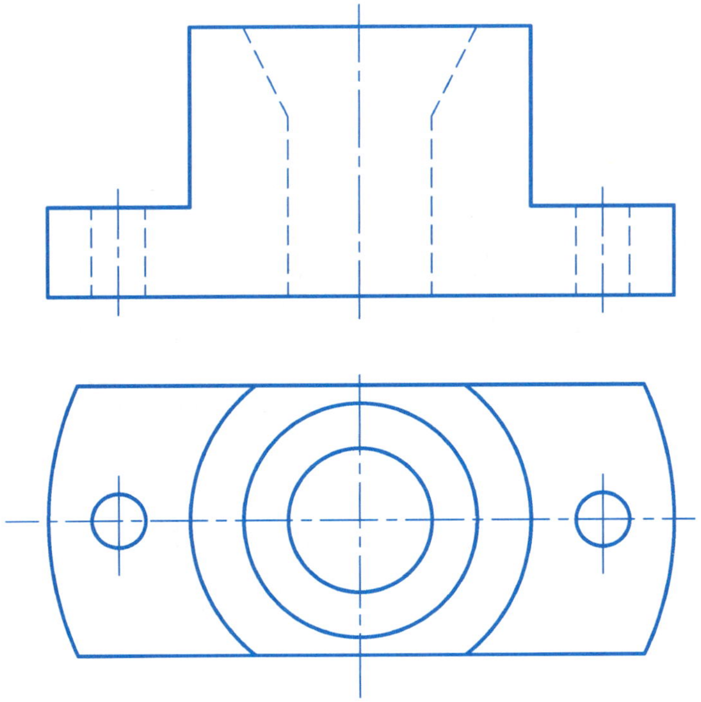

6.

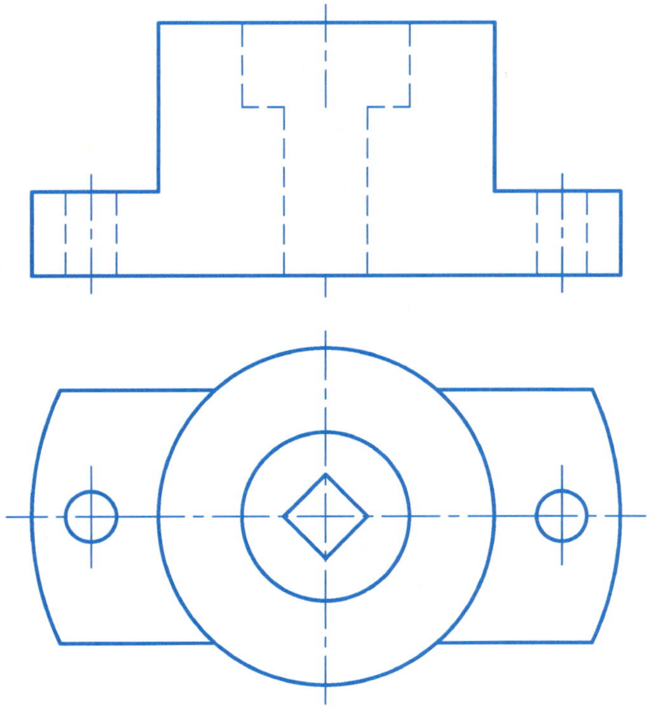

3-5 画组合体视图 | 在A3幅面的图纸上按照2∶1的比例画出下列立体的三视图（补画左视图），标题栏中填写名称为：组合体视图，图号为：301。

1.

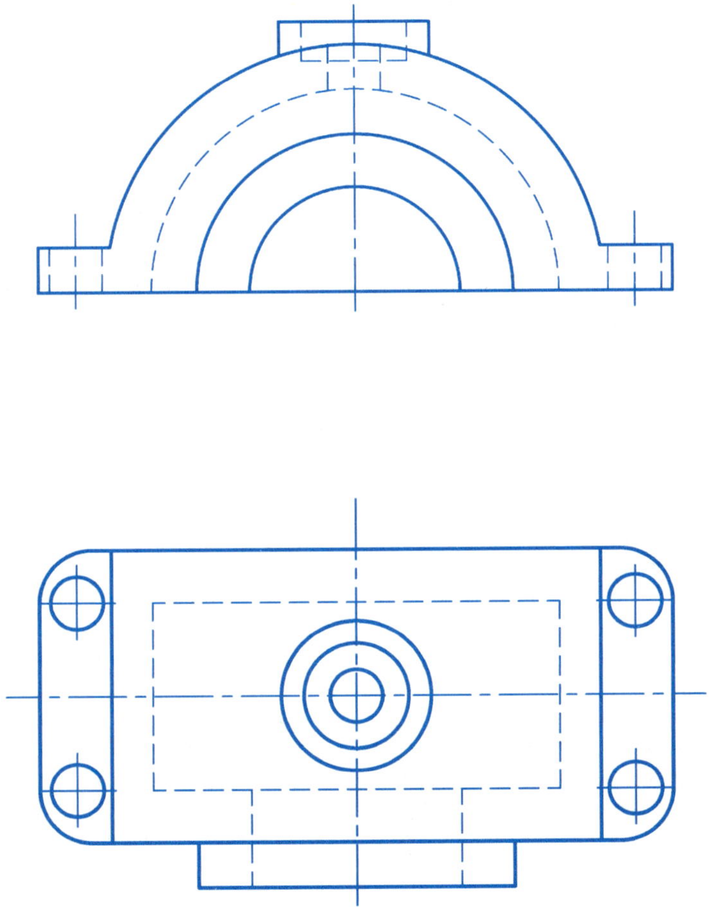

2.

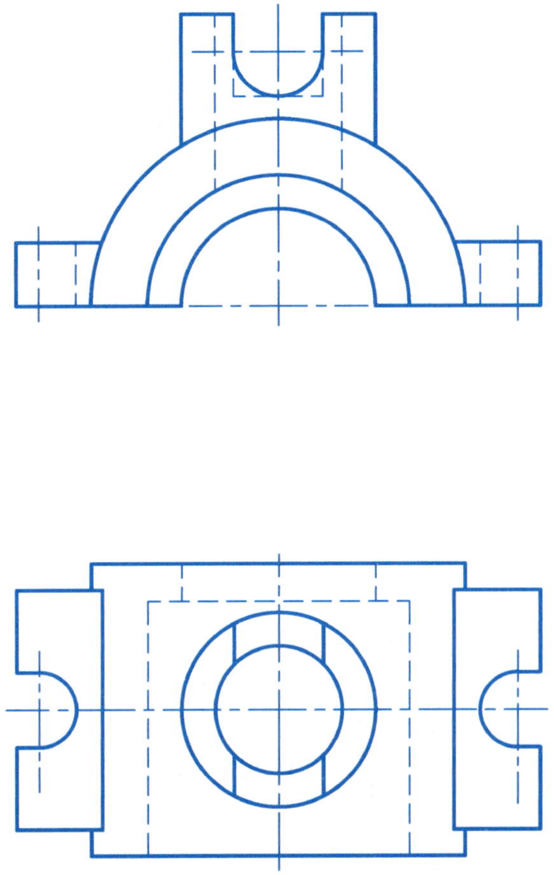

4-1 视图

1. 补全组合体的六个基本视图。

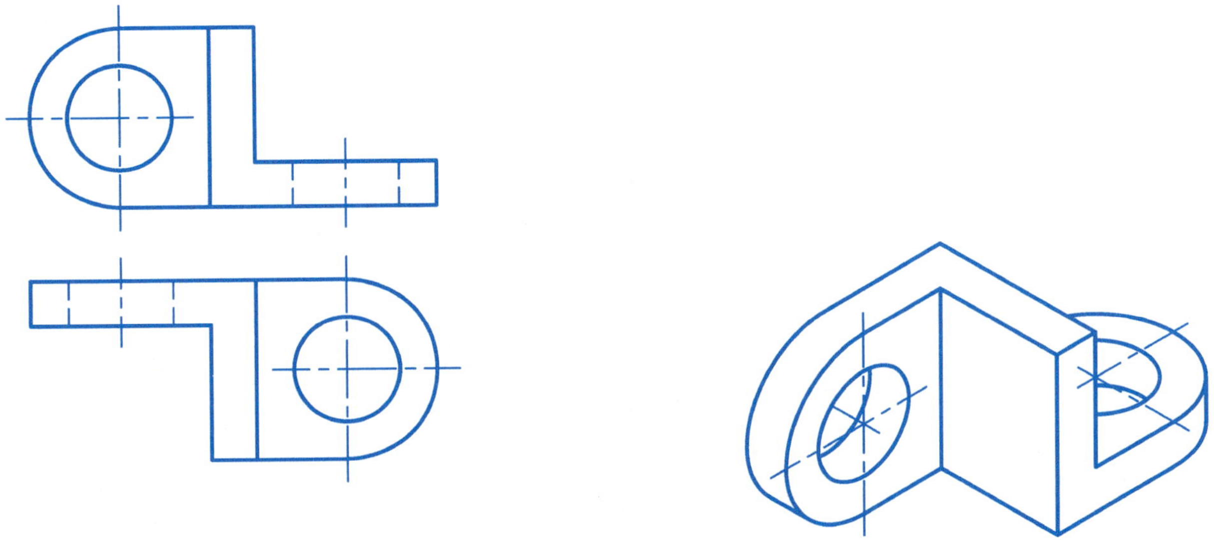

2. 画出A向局部视图。

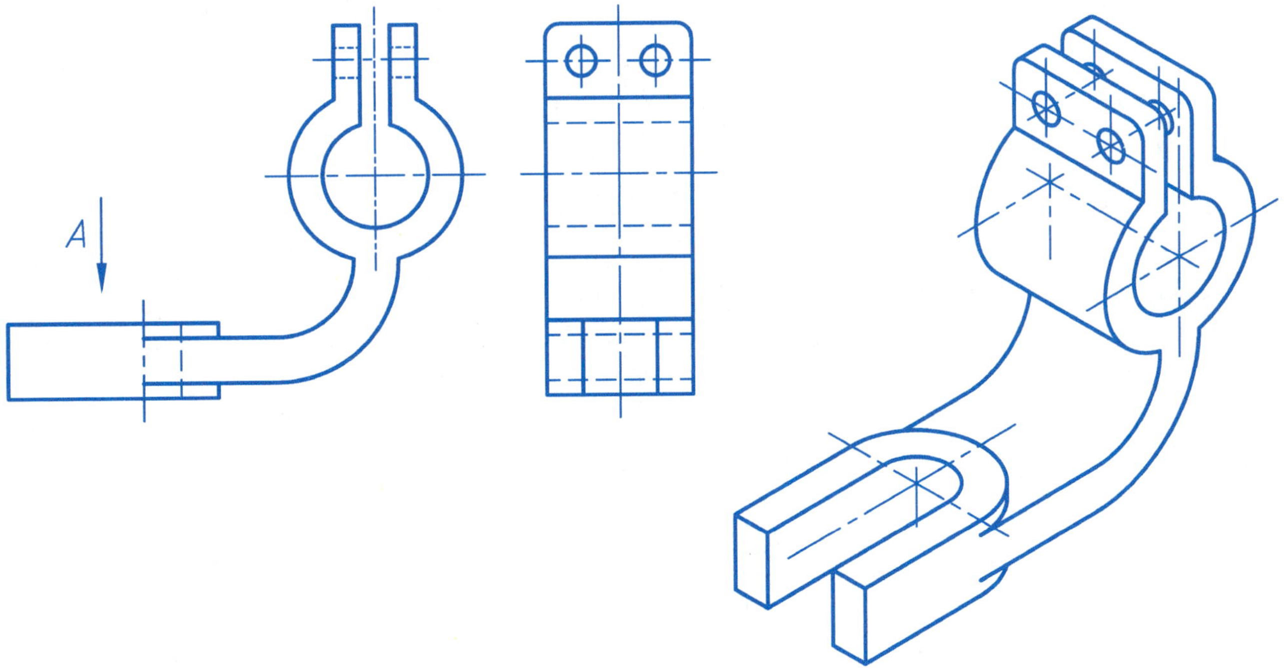

3. 画出A向局部视图。

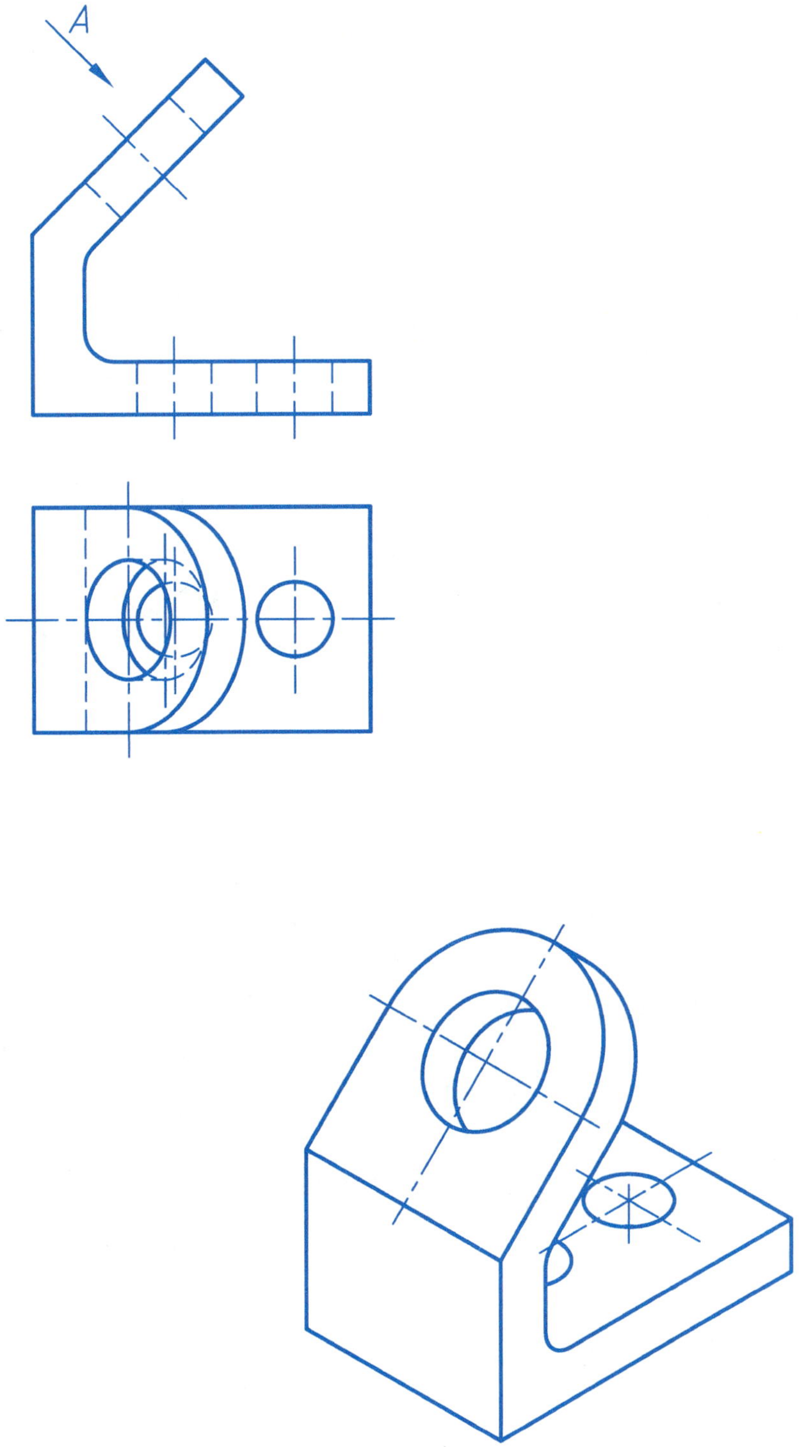

班级________ 学号________ 姓名________

4-2 全剖视图 | 在指定位置把主视图画成全剖视图。

1.

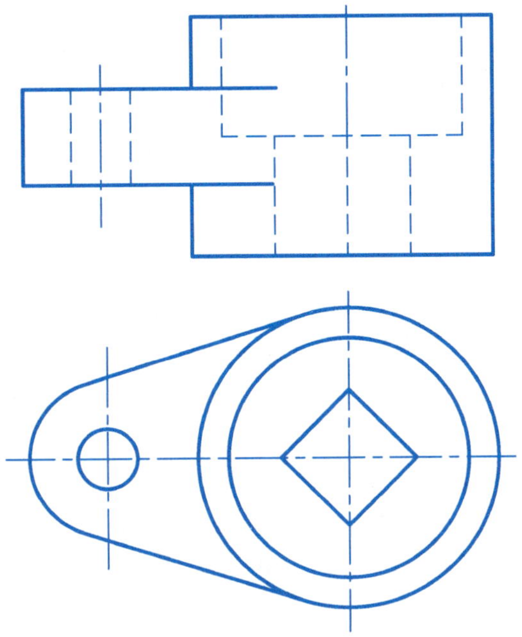

2.

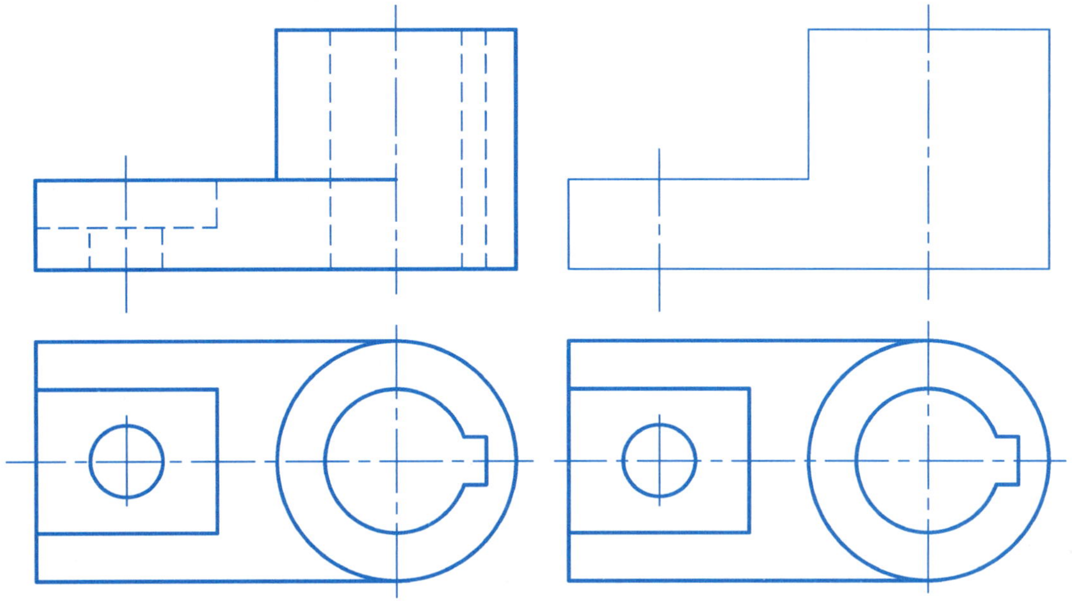

3.

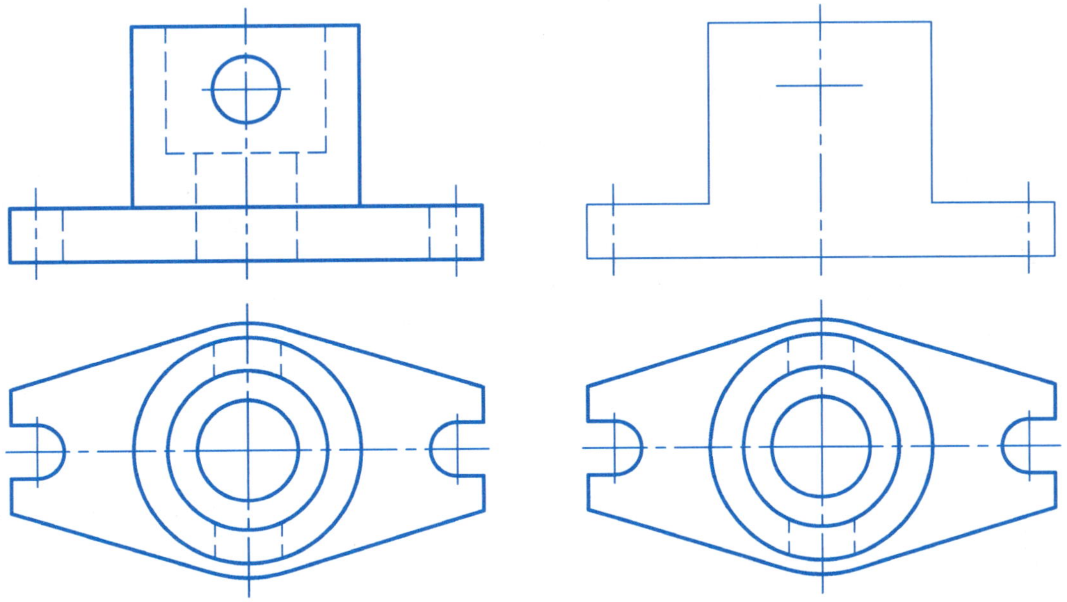

4.

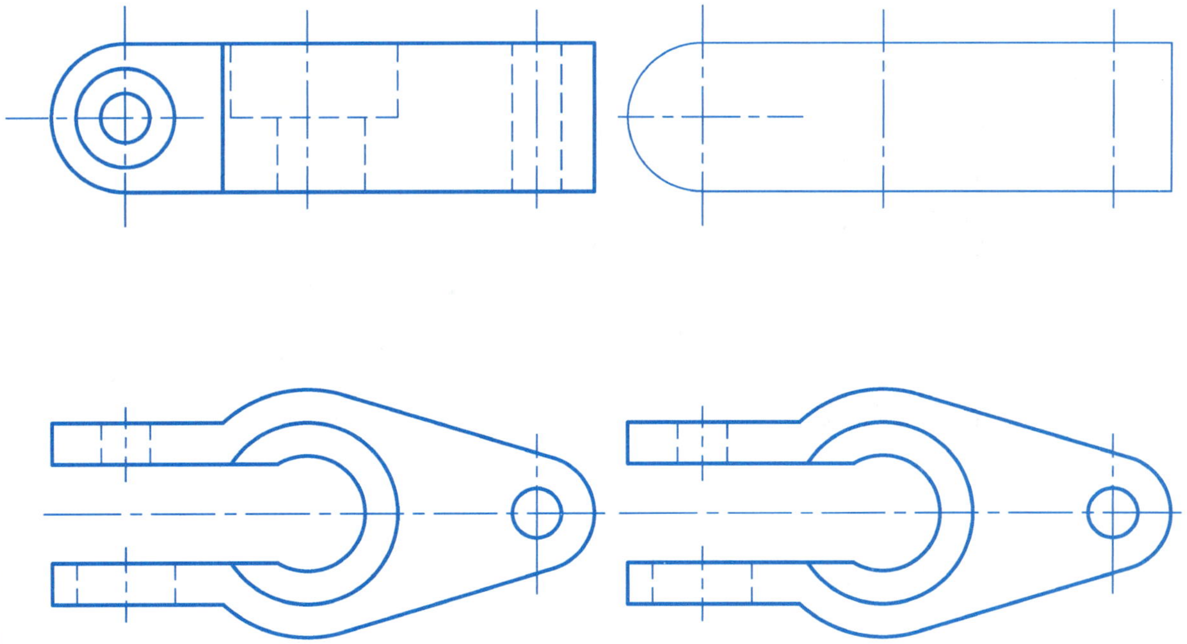

4-2 全剖视图	补画以下剖视图中缺少的图线。

1.

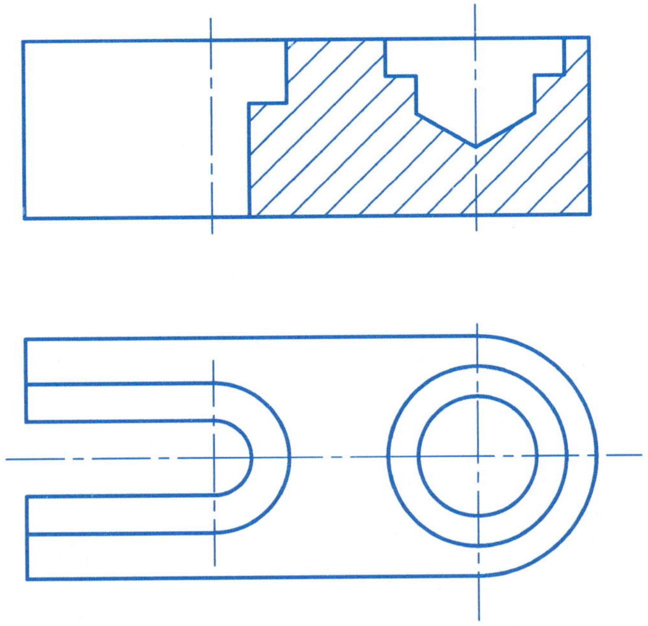

2.

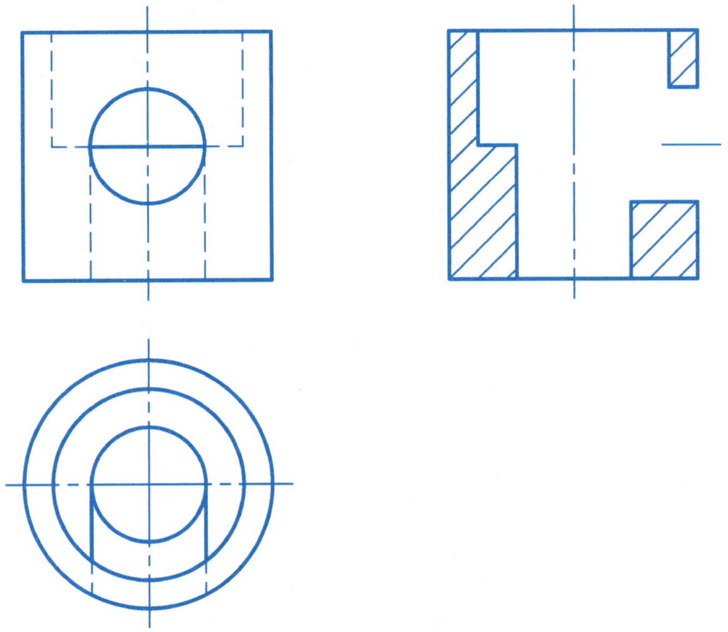

3.

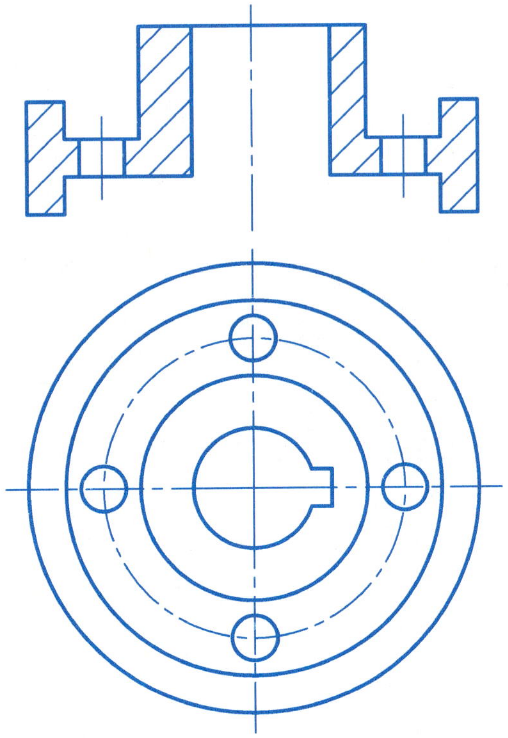

4.

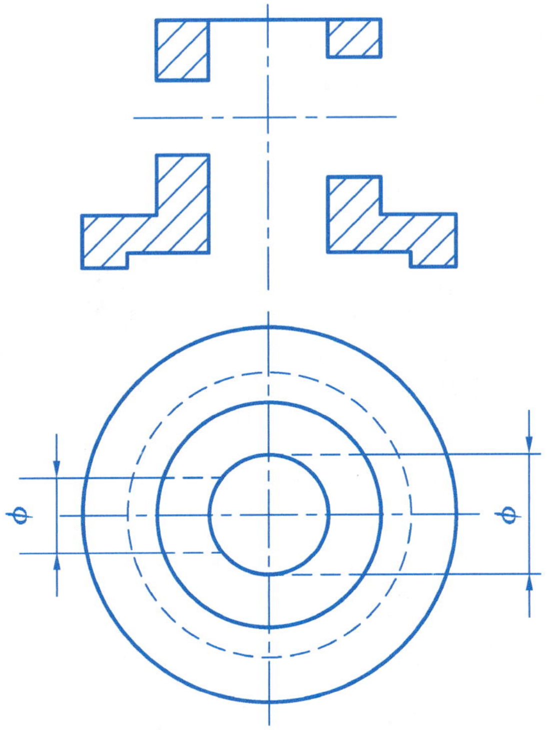

4-3 半剖视图

1. 在指定位置把主视图画成半剖视图。

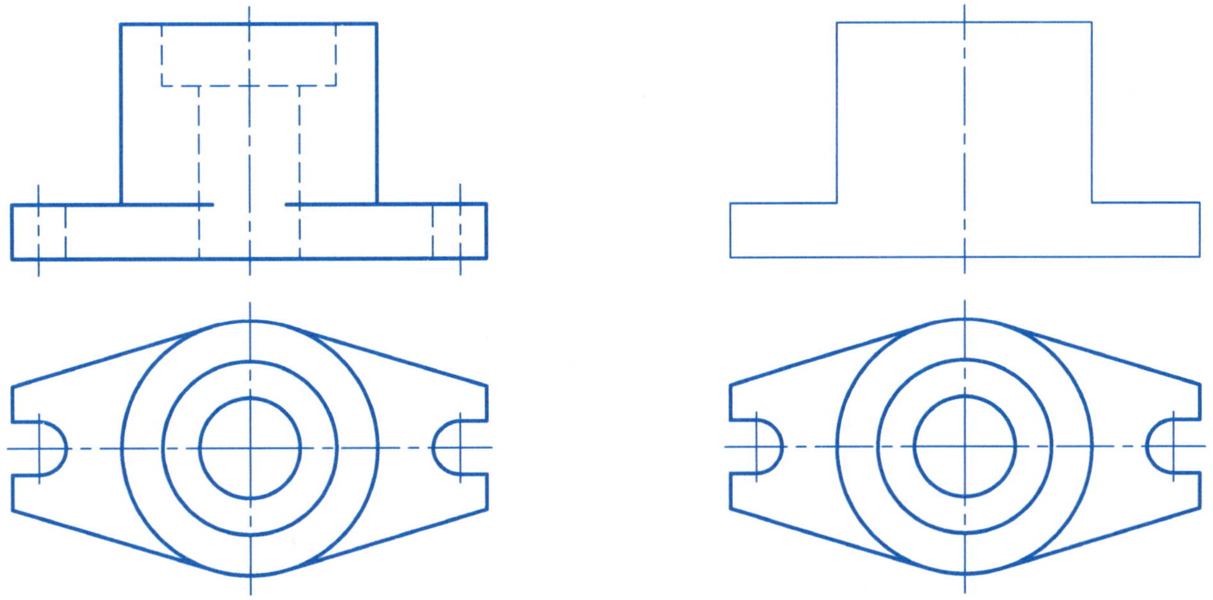

2. 完成以下半剖视图。

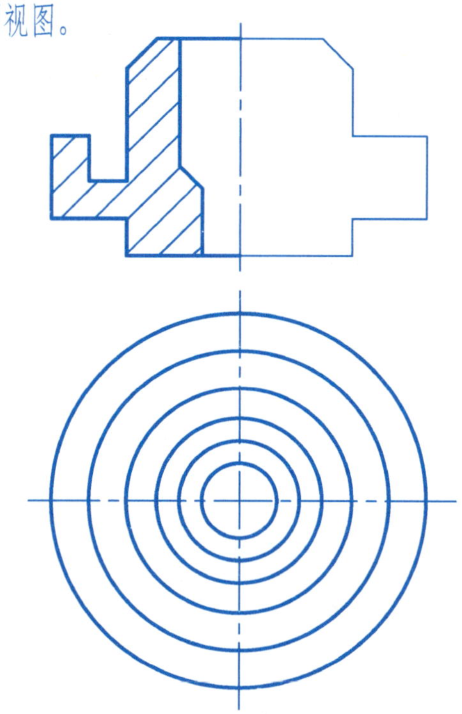

3. 在指定位置把主视图画成半剖视图。

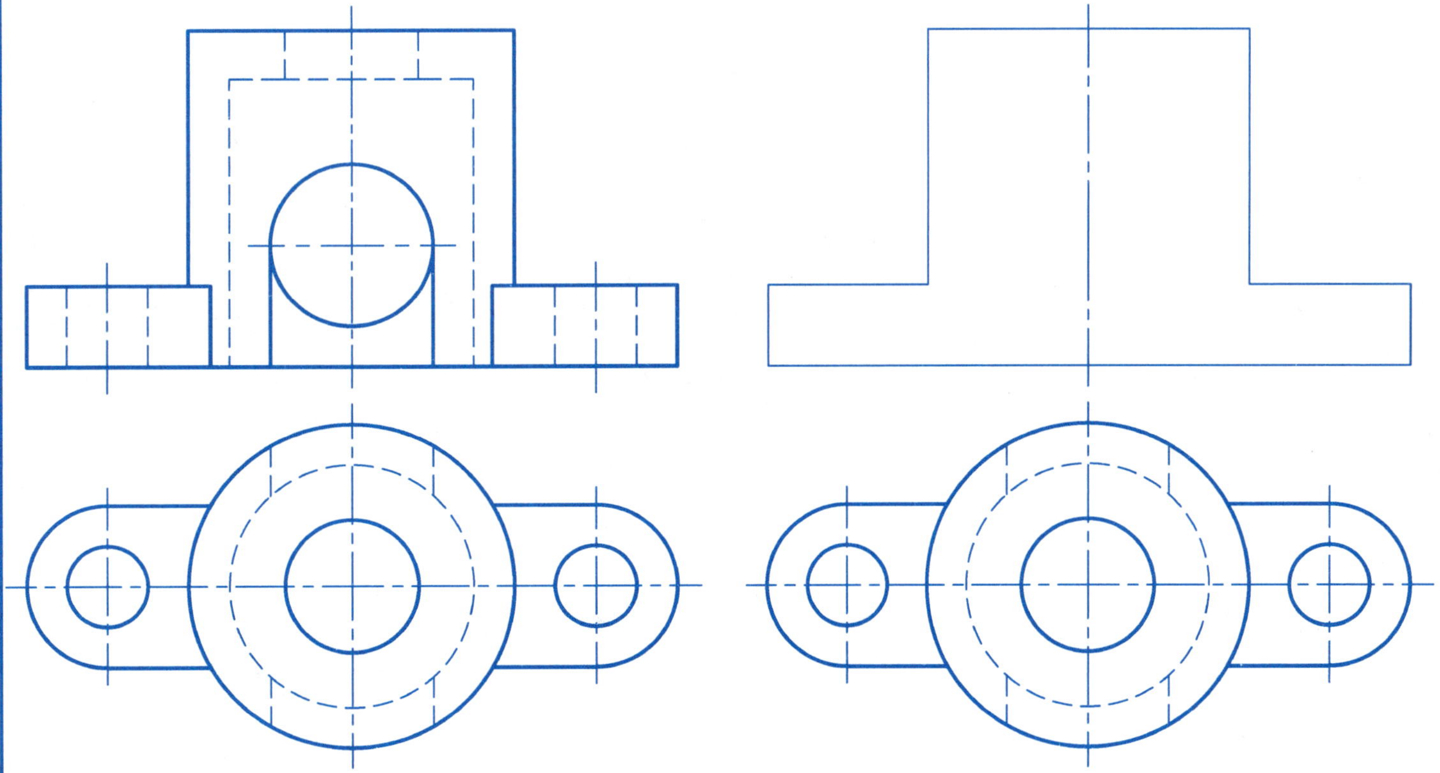

4. 完成以下半剖视图。

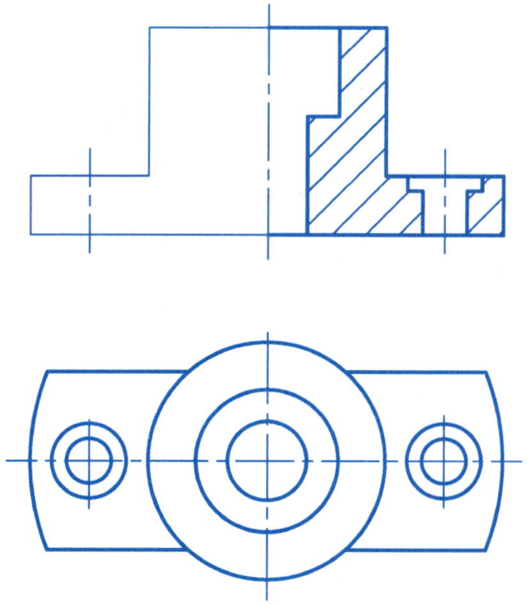

4-4 全、半剖表达 | 将下图的主视图画成半剖视图，左视图画成全剖视图，尺寸值按照1∶1从图中量取并取整。

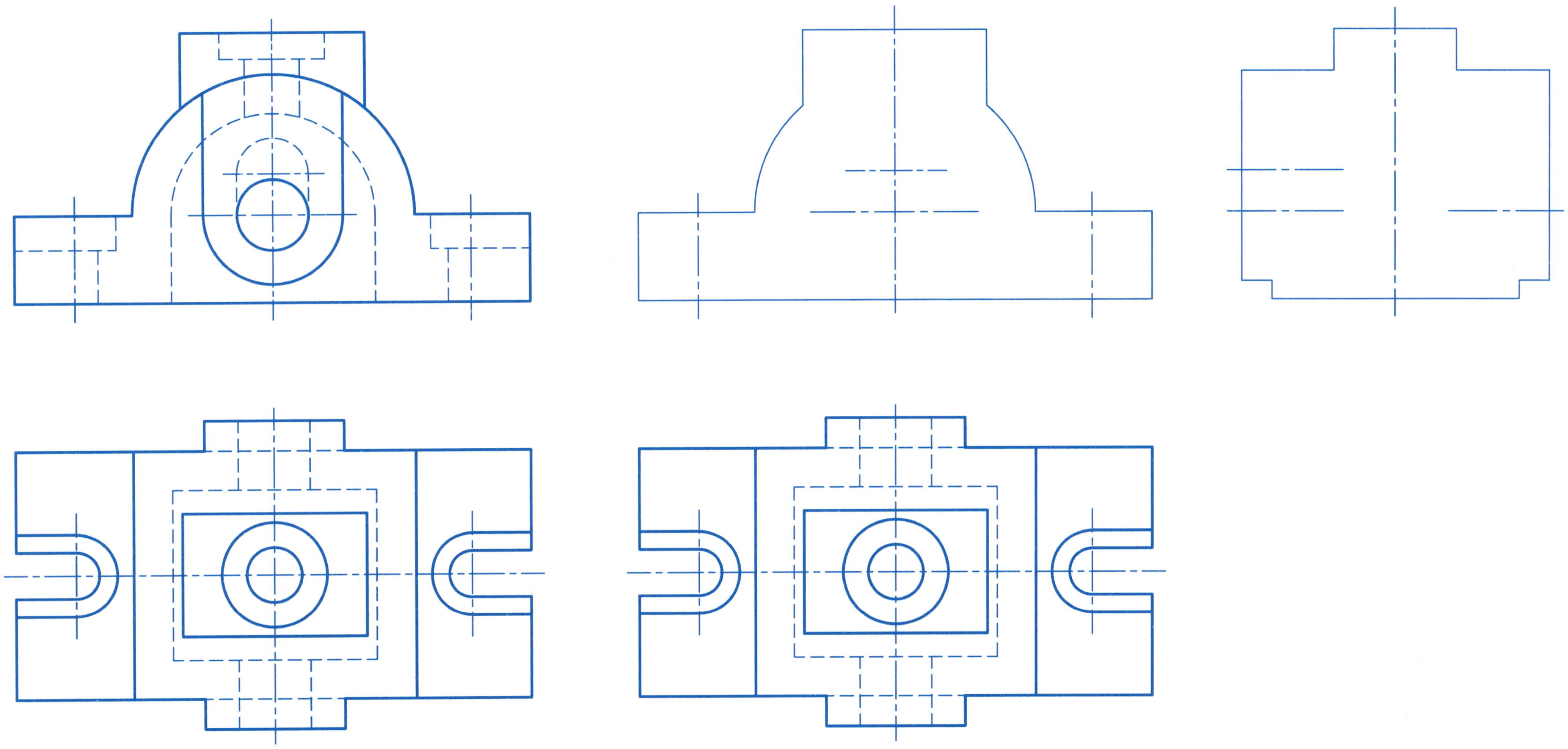

4-5 局部视图

1. 根据给出的主视图和俯视图，在指定的地方画出局部剖视图。

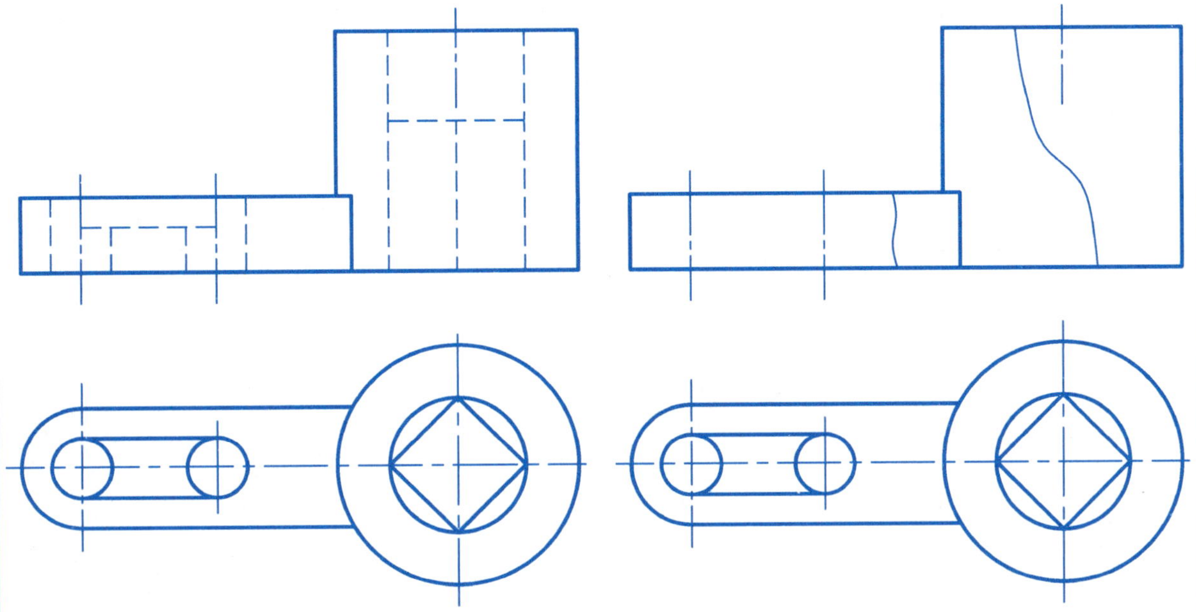

2. 在指定位置画出局部剖视图。

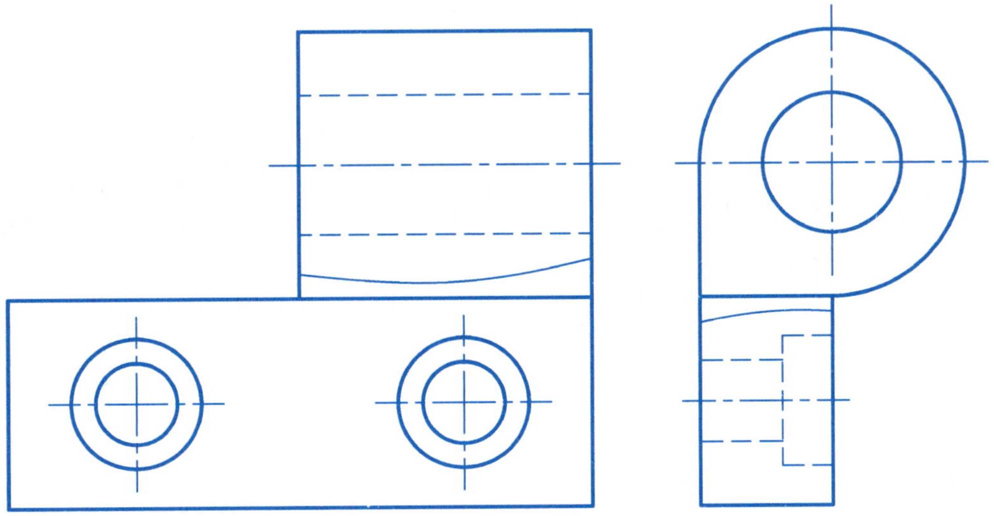

3. 改正波浪线和剖面线的错误，在指定位置补全正确的局部剖视图。

1）

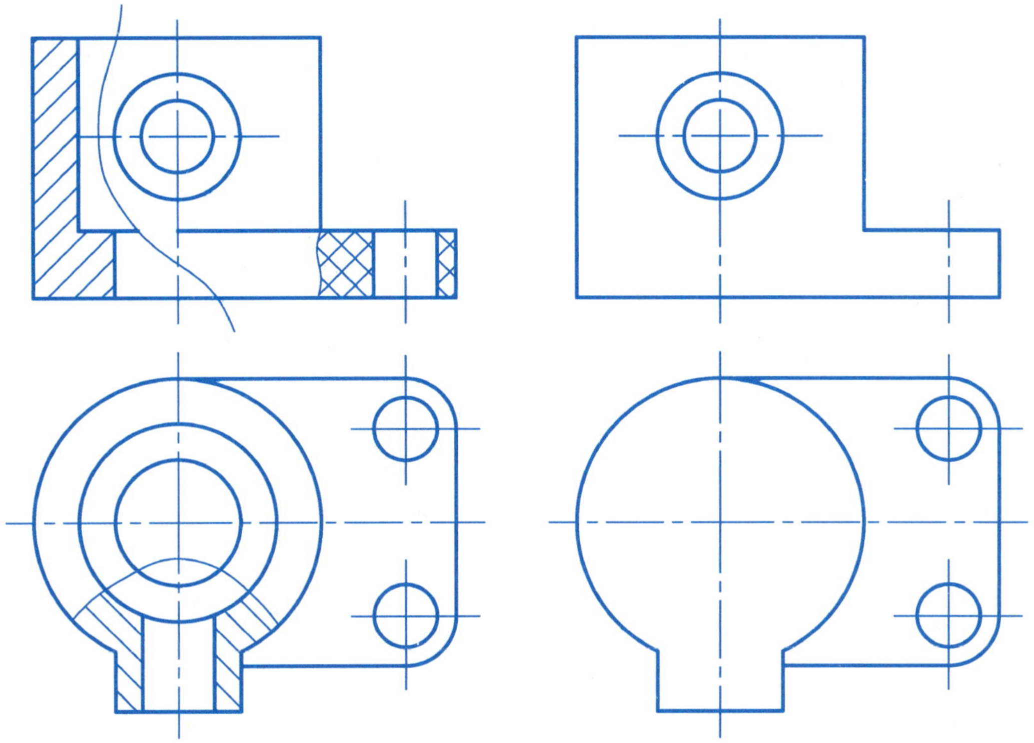

2）

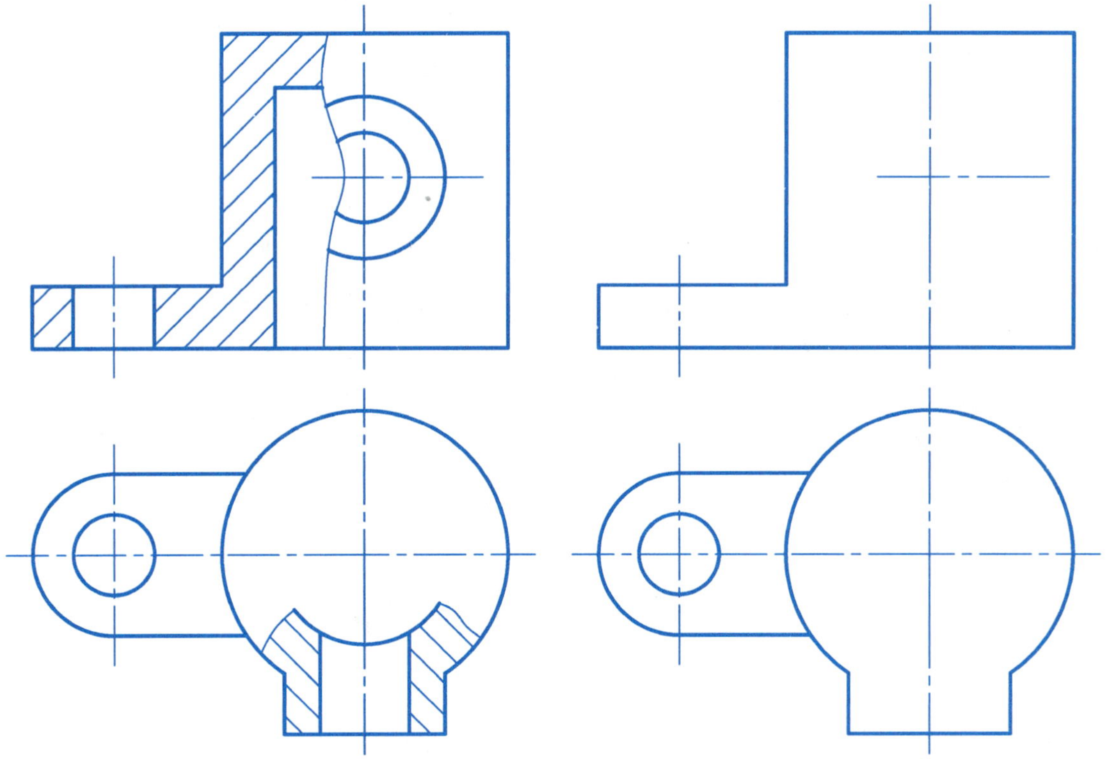

4-6 断面

1. 画出以下圆轴指定位置的移出断面。

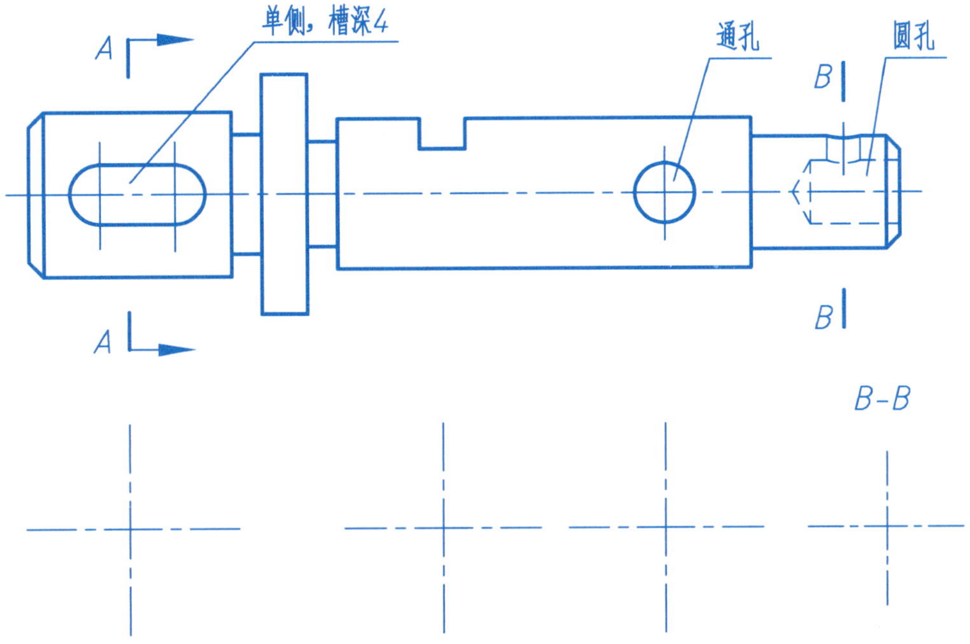

2. 画出以下圆轴指定位置的移出断面。

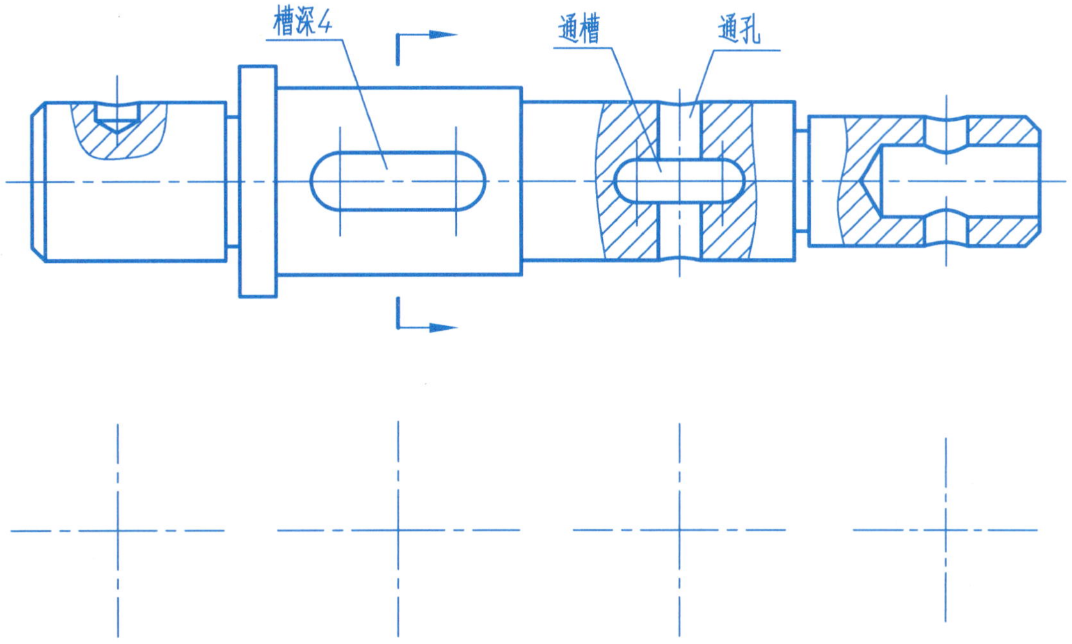

3. 画出变截面梁指定位置的移出断面。

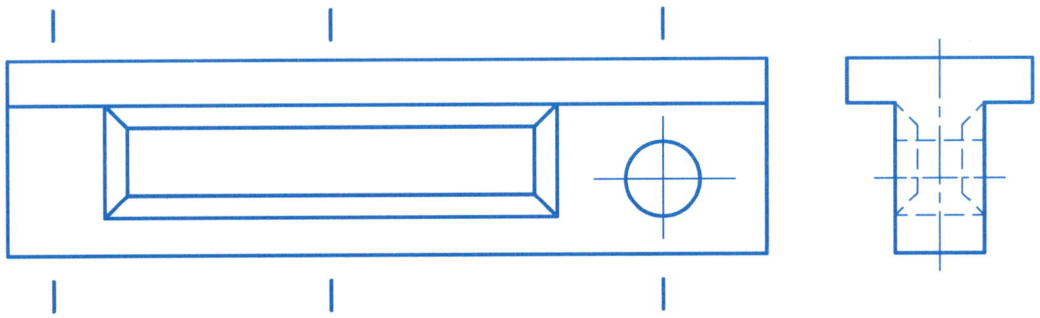

4. 已知主视图和俯视图，画出指定位置的重合断面图。

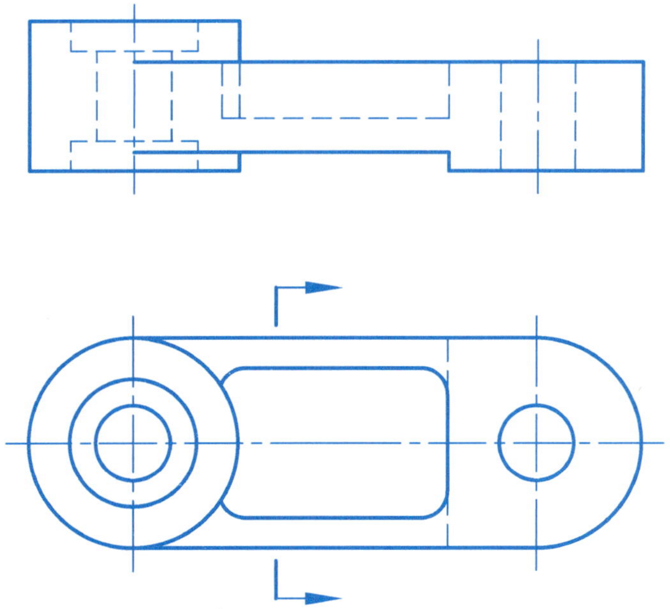

班级__________ 学号__________ 姓名__________

4-7 取指定剖视、断面 | 在指定位置将主视图半剖，并在另一侧用局部剖表达底板的通孔，用移出断面标识肋板法向断面实形；左视图取全剖；俯视图反映外形。

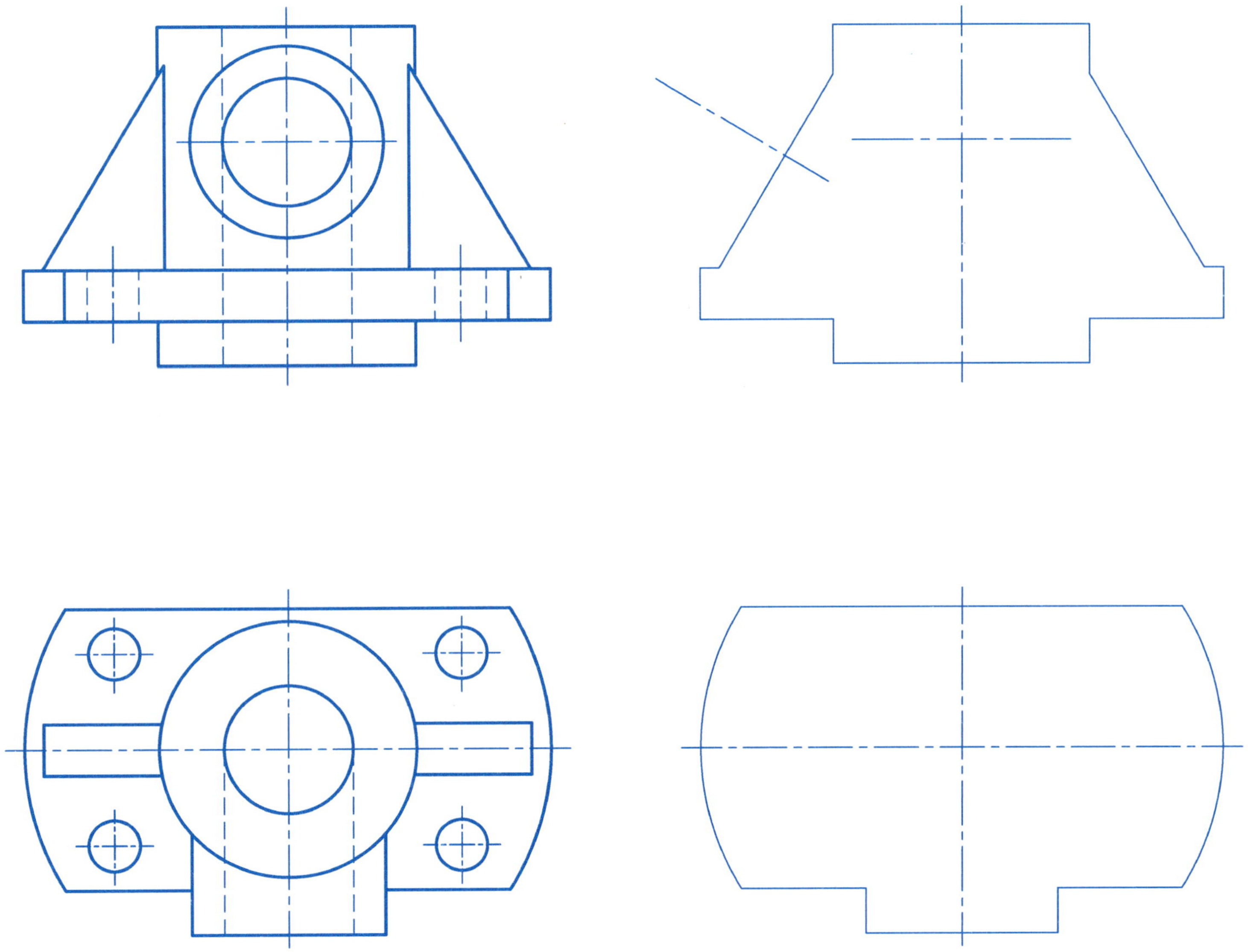

班级________ 学号________ 姓名________

5-1 螺纹及螺纹连接件

1. 说明螺纹标记的意义，逐项填入下表。

标记	螺纹种类	公称直径(尺寸代号)	螺距	导程	线数	公差带代号	旋向	旋合长度
M20-6H								
M20x1								
M16x1.5-5g6g								
Tr40x7-7H								
Tr32x12(P6)LH-7e-L								
G1½ A								
Rc3/4								
Rp2-LH								

2. 在下图中标注螺纹的标记。

1） 细牙普通螺纹公称直径10 mm，螺距1 mm，左旋，外螺纹中径公差带代号5g，顶径公差带代号6g，内螺纹中径、顶径公差带代号6H，中等旋合长度。

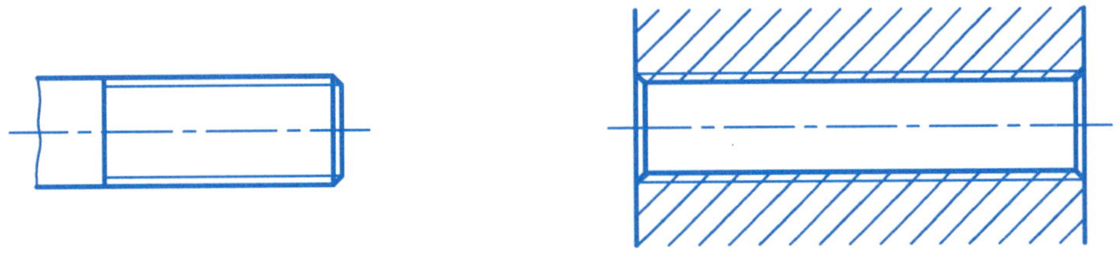

2） 梯形螺杆公称直径12 mm，螺距3 mm，左旋，螺纹中径公差带代号为7e。

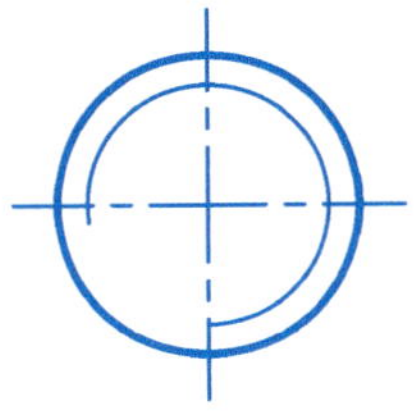

3） 非密封圆柱管螺纹，公称直径25.4 mm(1英寸)。

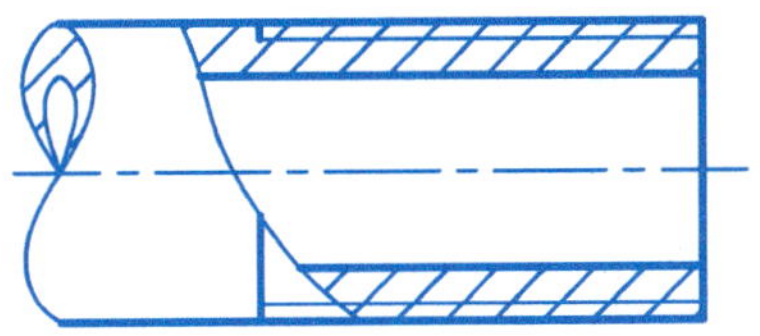

3. 指出普通螺纹画法的错误，在右侧画出正确的螺纹投影图。

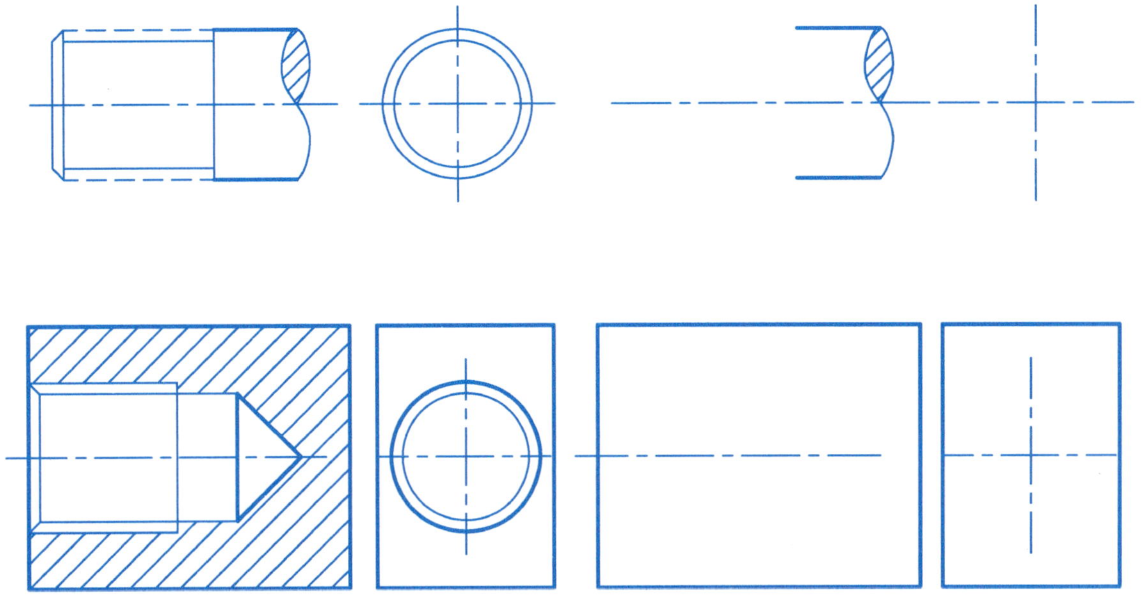

4. 将螺杆旋入圆管内螺纹孔中，旋合长度18 mm，在中间图上画全连接图，并在右侧画出 *A*-*A* 断面。

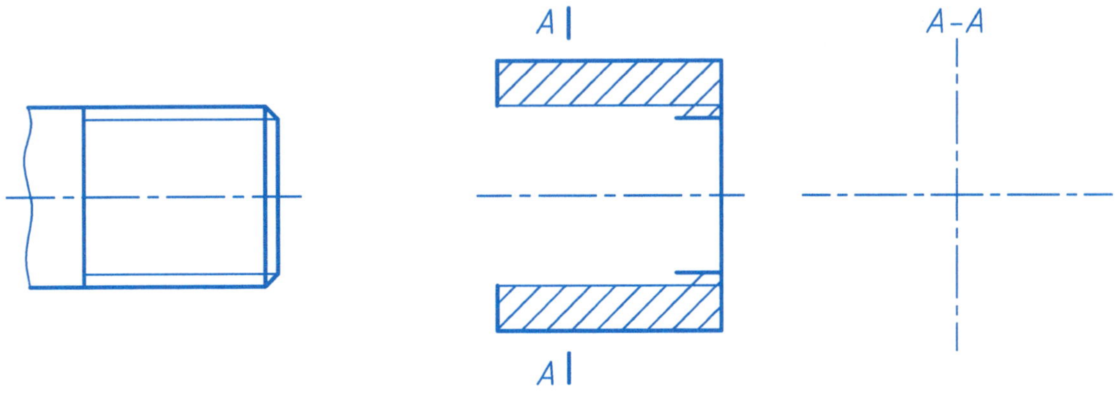

5-1 螺纹及螺纹连接件

1. 用简化画法按以下要求画出螺栓连接的组件图（按1∶1）。

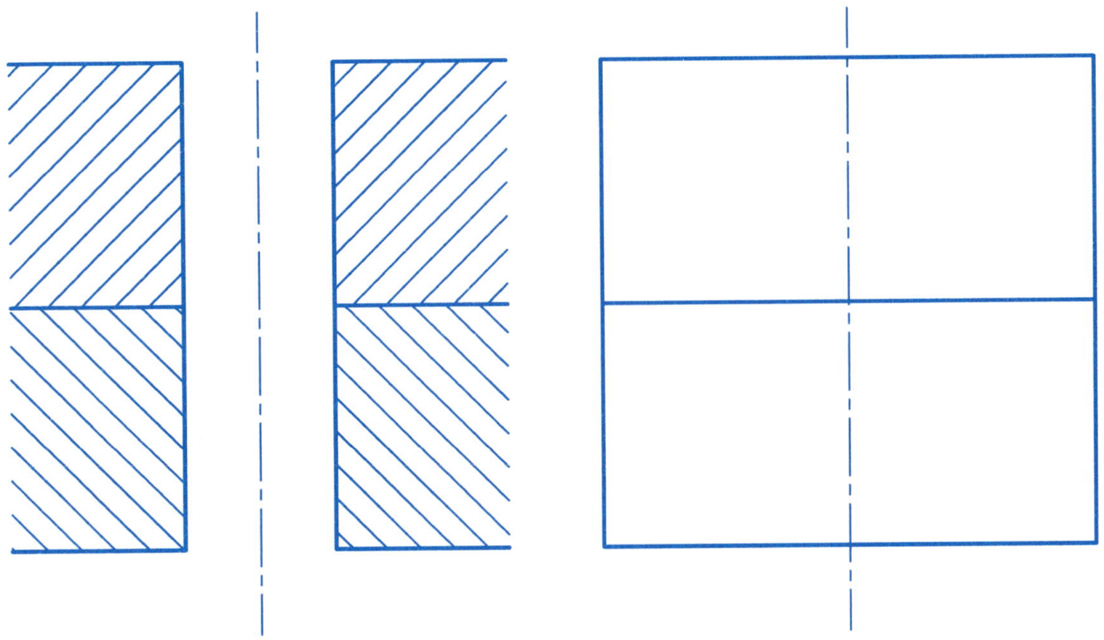

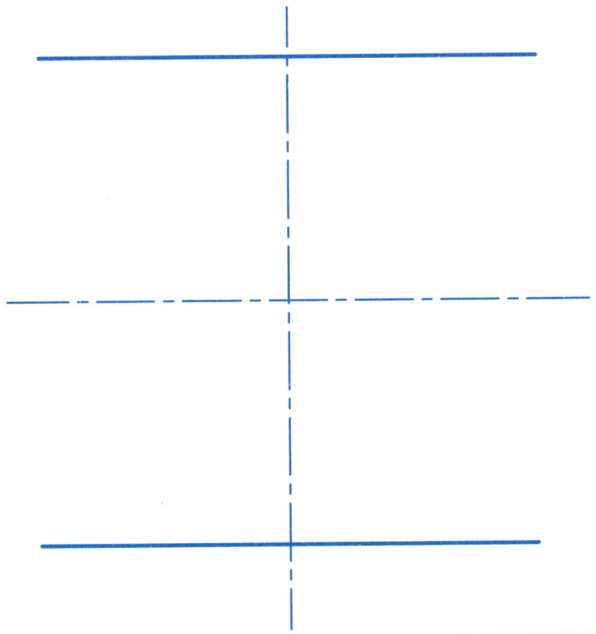

螺栓 GB/T 5782 M16×80
螺母 GB/T 6170 M16
垫圈 GB/T 97.1 16

2. 指出普通螺纹画法的错误，然后在下图上画出正确的螺纹投影图。

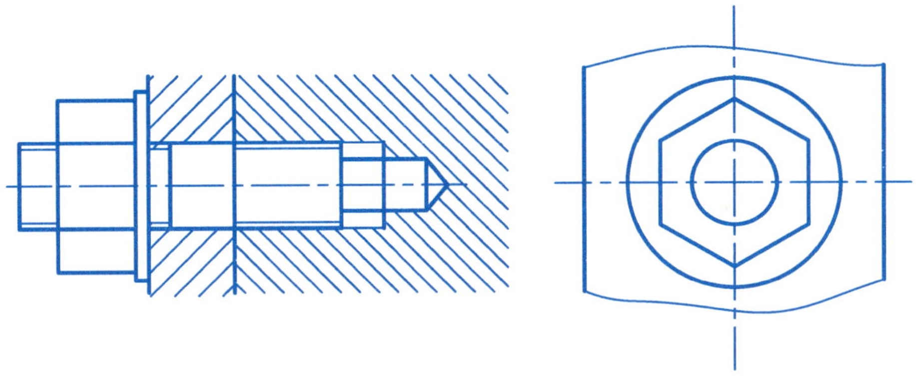

5-2 键及键联接　带轮和轴之间用A型普通平键联接，轴孔直径为40 mm，键长40 mm，请查表标注键和键槽的尺寸，然后以1∶2的比例补全带轮和轴的键联接图，并画出其*A*-*A*断面。

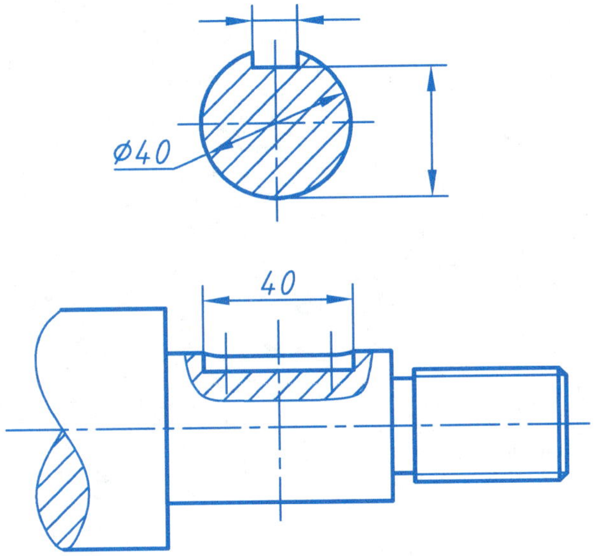

(1) 轴

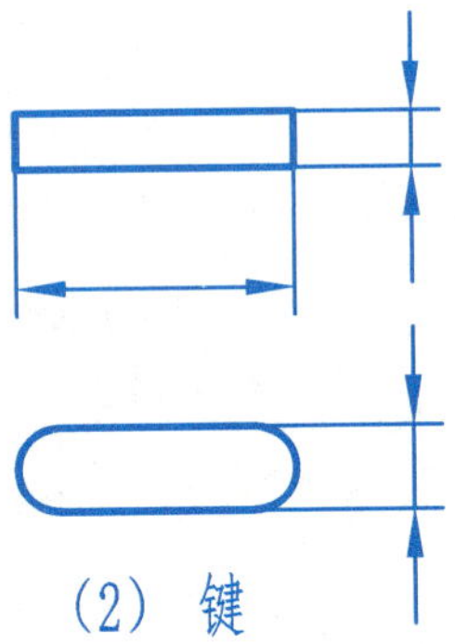

(2) 键

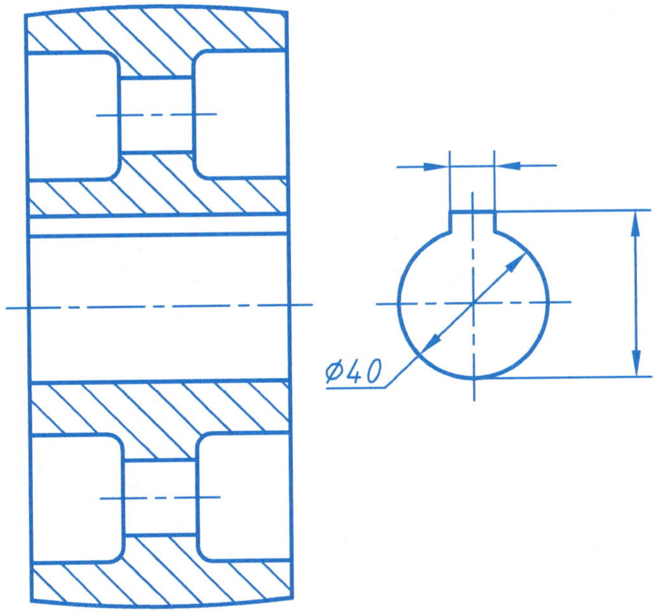

(3) 带轮

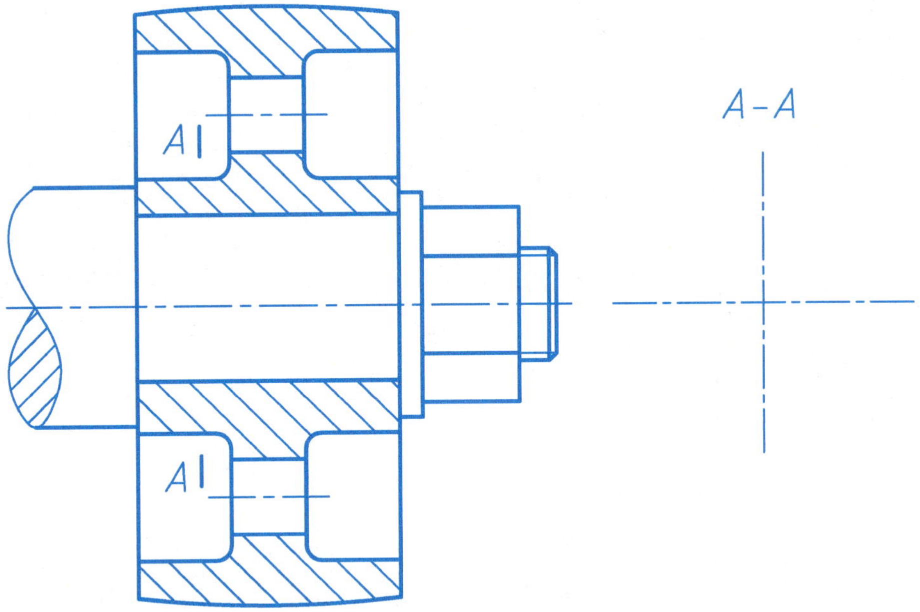

(4) 键联接图

此键的标记为：______________________________

6-1 画零件图

1. 根据所示轴测图画出轴的零件图（查表确定退刀槽、越程槽、键槽的尺寸）。图中的方形槽为通槽；图中的加工表面皆用去除材料的方式加工，方槽、键槽、右端面的表面结构要求为*Ra* 6.3；左端面的表面结构要求为*Ra* 0.8；其余部分为*Ra* 25。

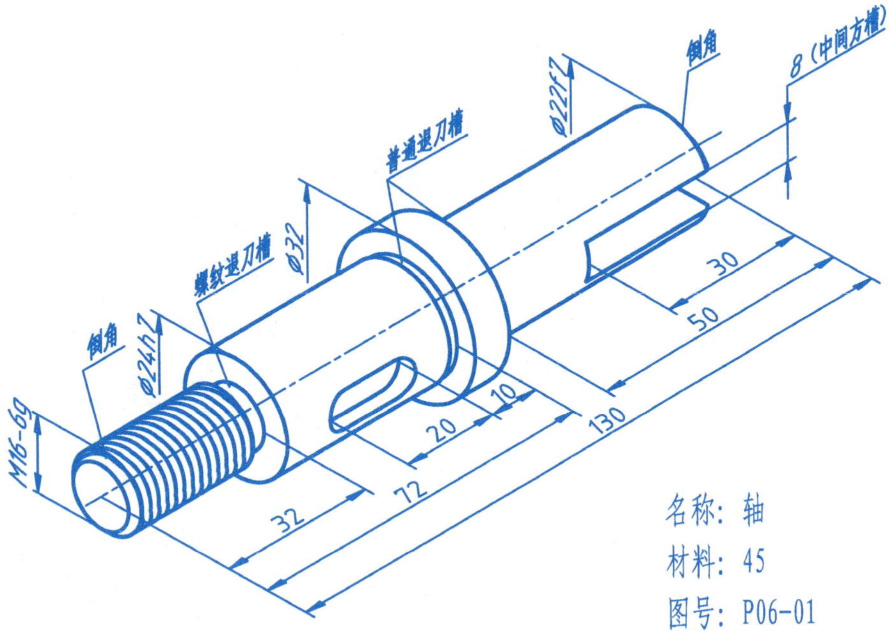

名称：轴

材料：45

图号：P06-01

技术要求：锐边去毛刺。

2. 根据所示轴测图画出油泵盖的零件图。图中ø21H7通孔两端倒角均为*C*1；前凸台中心线对后圆板中心线垂直向下偏移4.5 mm；尺寸ø83也是均布孔ø11的圆心所在圆的直径尺寸；凸台端面、油泵盖底面、ø21H7孔的内表面、2×ø6H7小孔内表面的表面结构要求均为*Ra* 6.3，其余未加工部分为*Ra* 50。

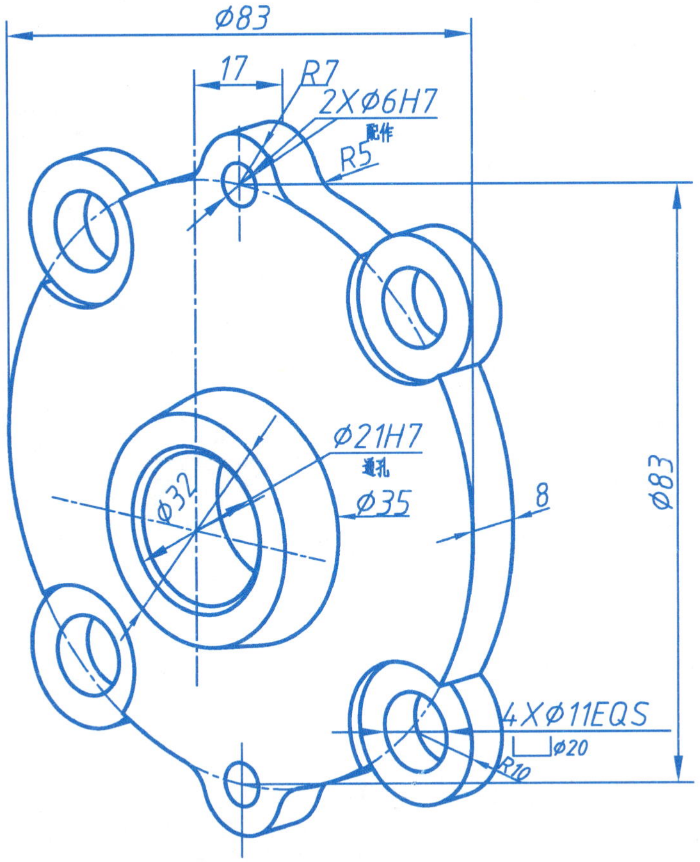

名称：油泵盖

材料：HT150

图号：P06-02

技术要求：铸造表面不得有裂纹、气孔、砂眼、缩孔、夹渣等铸造缺陷；未注圆角半径*R*2；加工前必须进行时效处理。

6-1 画零件图

根据所示轴测图画出支架的零件图。图中的加工表面皆用去除材料的方式加工，45° 斜面的表面结构要求为*Ra* 3.2；⌀58和⌀45两侧端面的表面结构要求为*Ra* 6.3；⌀30H7和⌀36H8内孔的表面结构要求为*Ra* 1.6；其余加工表面结构要求为*Ra* 12.5， 不加工表面结构要求为*Ra* 25。

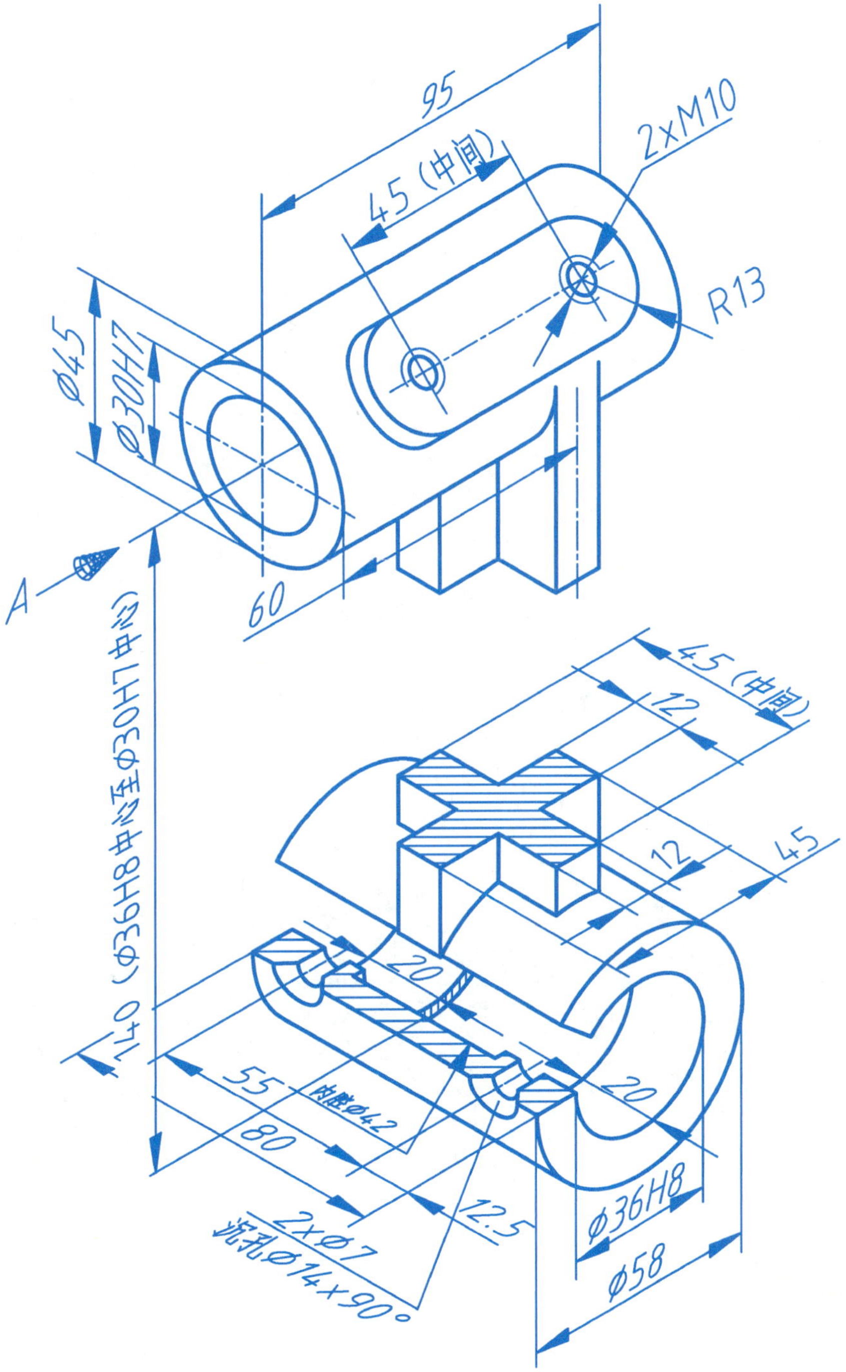

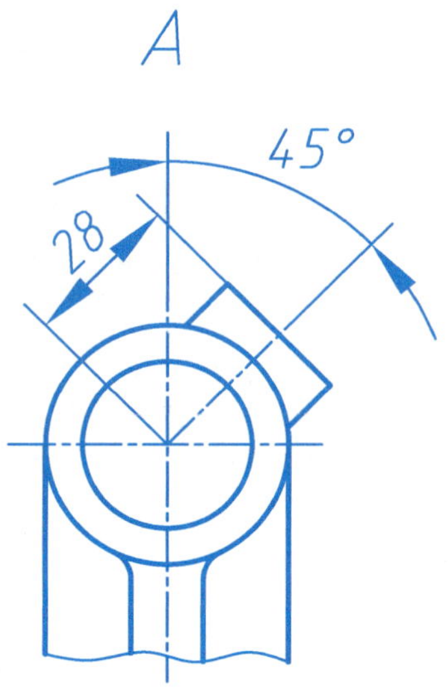

名称：支架

材料：HT150

图号：P06-03

技术要求：锐角倒钝；未注圆角半径 *R*2。

6-2 零件图的技术要求　根据表中所示表面结构要求的参考数值，在视图中的相应位置标注出来。

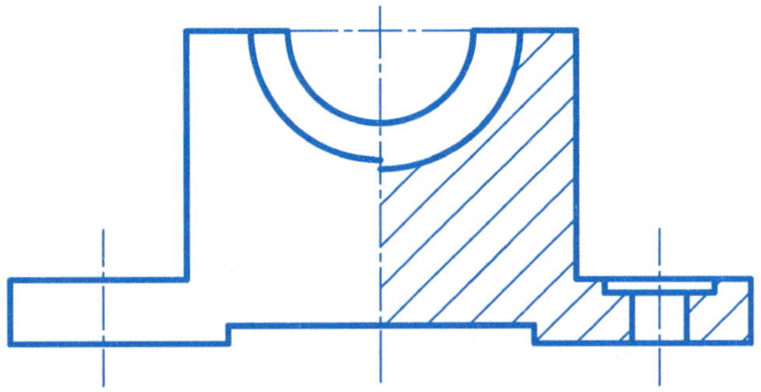

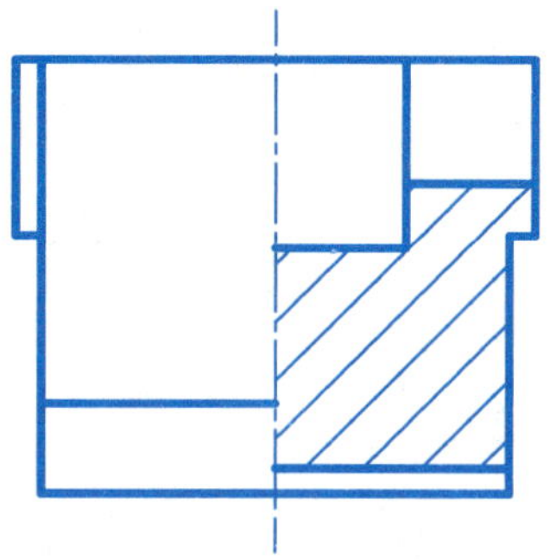

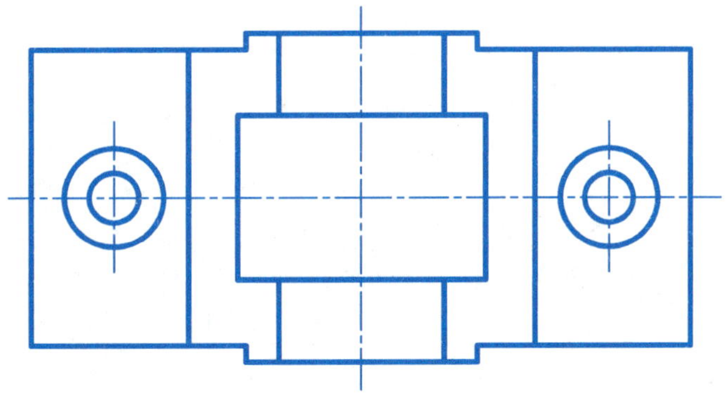

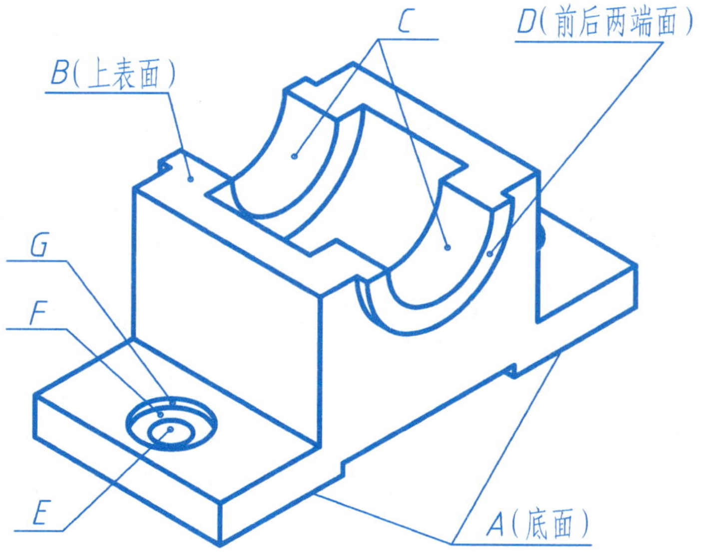

表　面	A	B	C	D	E	F	G	其　余
表面结构要求参数	Ra 6.3		Ra 1.6	Ra 3.2	Ra 12.5			Ra 25
	去除材料的方法形成的表面							不加工表面

班级________ 学号________ 姓名________

6-2 零件图的技术要求

1. 请说明以下尺寸公差的含义，并将查出的数值填入以下表格。

项目	⌀30H9	⌀40f7	⌀50K7	⌀65m6
公称尺寸				
基本偏差代号				
标准公差等级				
公差带代号				
上极限偏差				
下极限偏差				
公差值				
基本偏差				
标准公差				

2. 根据装配图中的配合关系，完成以下题目。

1）请说明配合尺寸$\phi40\frac{H7}{n6}$的含义：

(1) 公称尺寸是（　　　　）；

(2) 孔的公差带代号是（　　）；

(3) 轴的公差带代号是（　　）；

(4) H表示（　　　　　　）；

(5) n表示（　　　　　　）；

(6) 7、6 表示（　　　　）；

(7) 此配合是（　　）制，（　　　）配合。

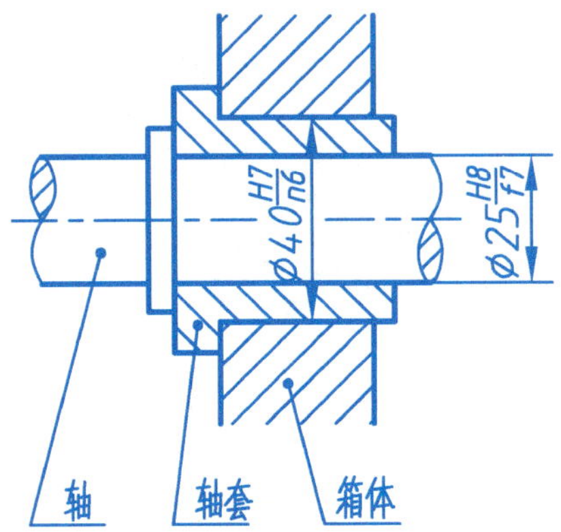

2）根据装配图标注的配合尺寸，分别在相应的零件图上标注公称尺寸和极限偏差数值。

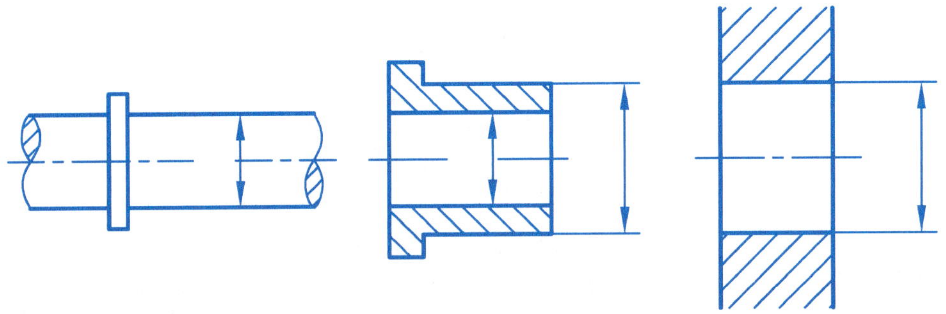

3）计算出$\phi25\frac{H8}{f7}$中上、下极限尺寸：

孔：上极限尺寸为（　　　）；　　轴：上极限尺寸为（　　　）；

下极限尺寸为（　　　）；　　下极限尺寸为（　　　）；

公差值为（　　　）。　　公差值为（　　　）。

6-3 读零件图 | 看懂以下零件图，完成下面的题目，并补全主视图。

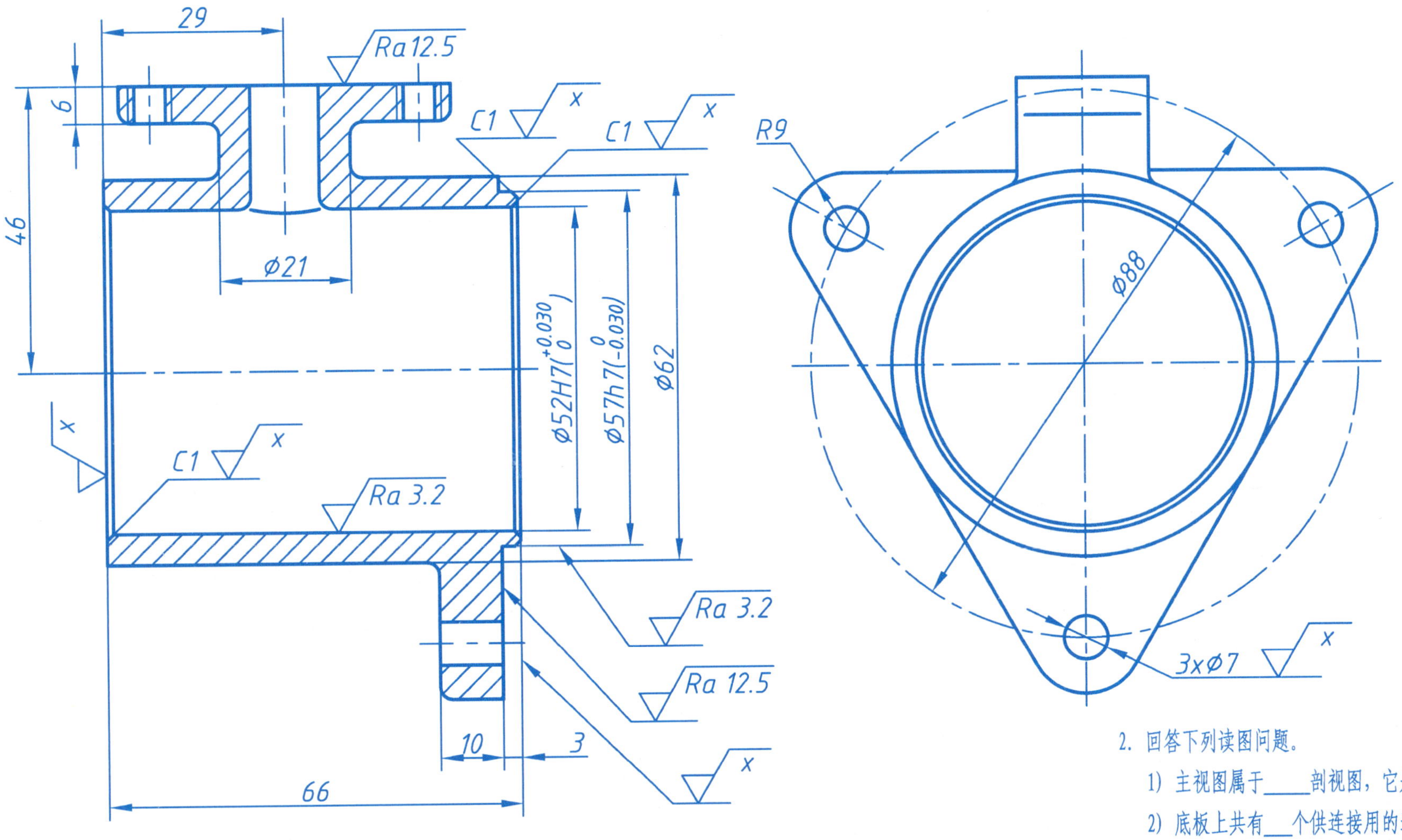

1. 在指定位置用原图比例画出主视图外形（不画虚线）。

主视图外形

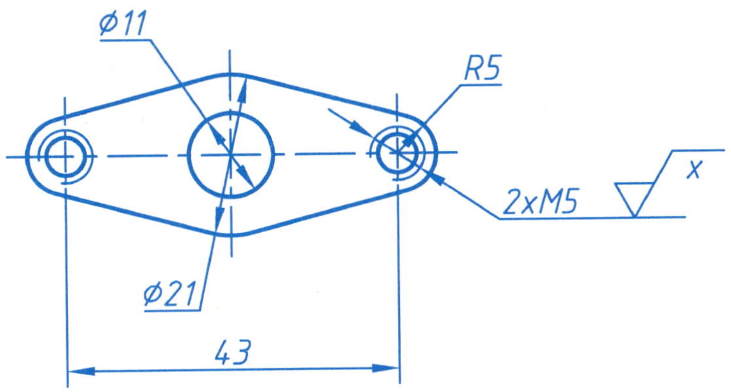

技术要求

1. 锐角倒钝；
2. 未注圆角半径R2~R3。

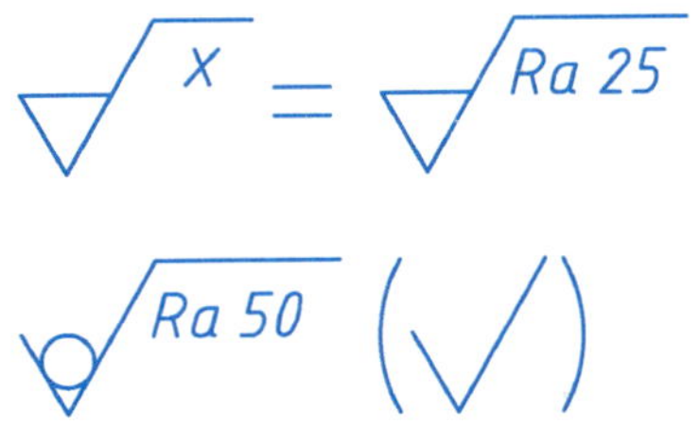

2. 回答下列读图问题。

1) 主视图属于____剖视图，它是用________剖切平面剖切得到的。
2) 底板上共有__个供连接用的通孔，它们的定形尺寸是________，定位尺寸是______，表面结构要求为_________。
3) 上部螺孔代号2XM5表示螺孔有___个，螺纹类型为____________，大径为_____，线数为_____，旋向为________。
4) 材料代号HT150 表示_________材料。

						HT150		江苏大学
标记	处数	分 区	更改文件号	签名	年 月 日			接 头
设 计			标准化			阶 段 标 记	重量	比例
								1:1
审 核								P06-03
工 艺			批 准			共 张 第 张		

6-3 读零件图　看懂以下零件图，完成下面的题目，并补全主视图。

1. 在指定位置按原图比例画出主视图外形(不画虚线)。

主视图外形

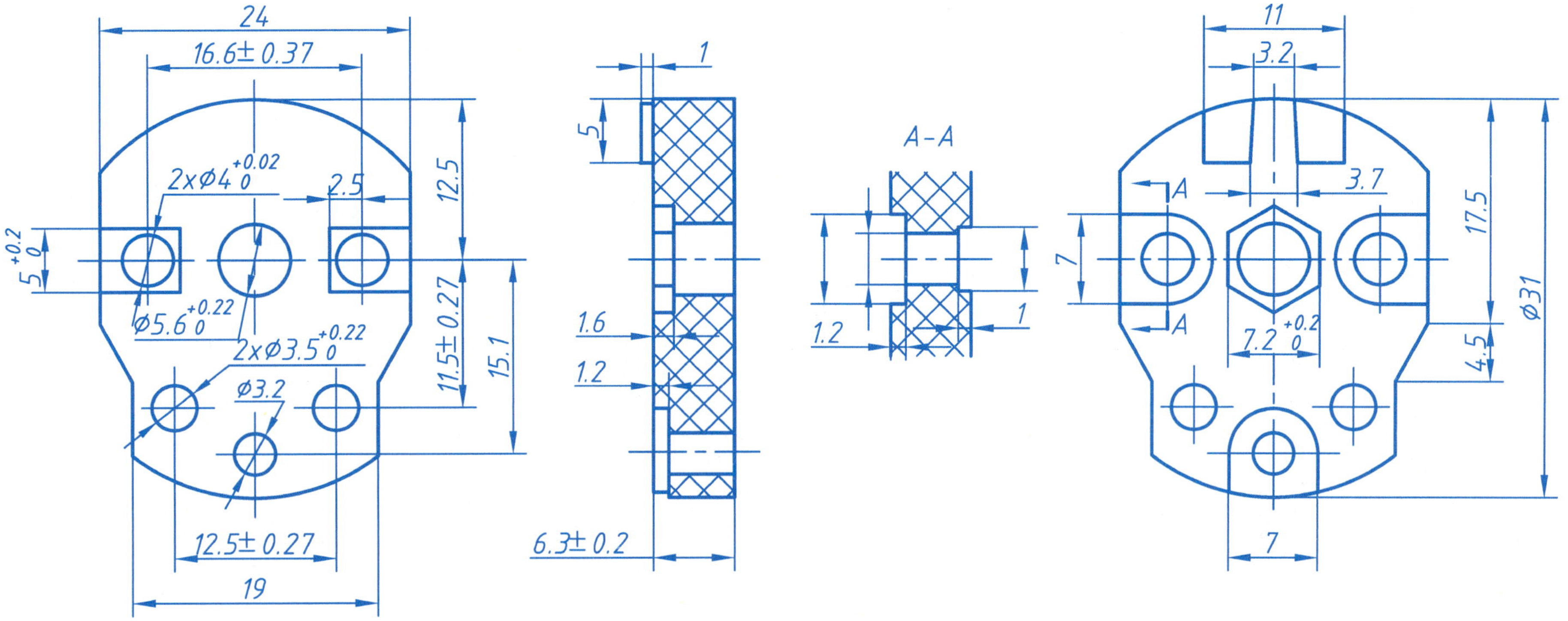

2. 回答下列读图问题:

1) 主视图属于_____剖视图，它是用_______剖切平面剖切得到的。为什么可以不加标记?

答: ____。

2) 该零件上共有_____种不同尺寸的通孔: 公称尺寸为ø4孔的定位尺寸为__________，公称尺寸为ø3.5孔的定位尺寸为________________________，公称尺寸为ø3.2孔的定位尺寸为___________。

3) 板厚尺寸 6.3±0.2 表示公称尺寸为_____，上极限尺寸为_____，下极限尺寸为_____，上极限偏差为_______，下极限偏差为_______，公差为_______。

4) 主视图左上方的矩形框是凸台还是凹坑的投影? 答: 是_______的投影。

主视图左下方的矩形框是凸台还是凹坑的投影? 答: 是_______的投影。

为什么上方矩形框的上边线和下方矩形框的下边线与主体的轮廓线不平齐? 答: ______________________。

5) A-A断面图中有3个未填尺寸数字的重复尺寸，请填上正确的尺寸数字。

标记	处数	分区	更改文件号	签名	年月日	高频陶瓷	江苏大学
设计			标准化			阶段标记 / 重量 / 比例 2:1	瓷板
审核							
工艺			批准			共 张 第 张	P06-05

6-3 读零件图　看懂以下零件图，回答问题并在指定位置画出主视图的外形。

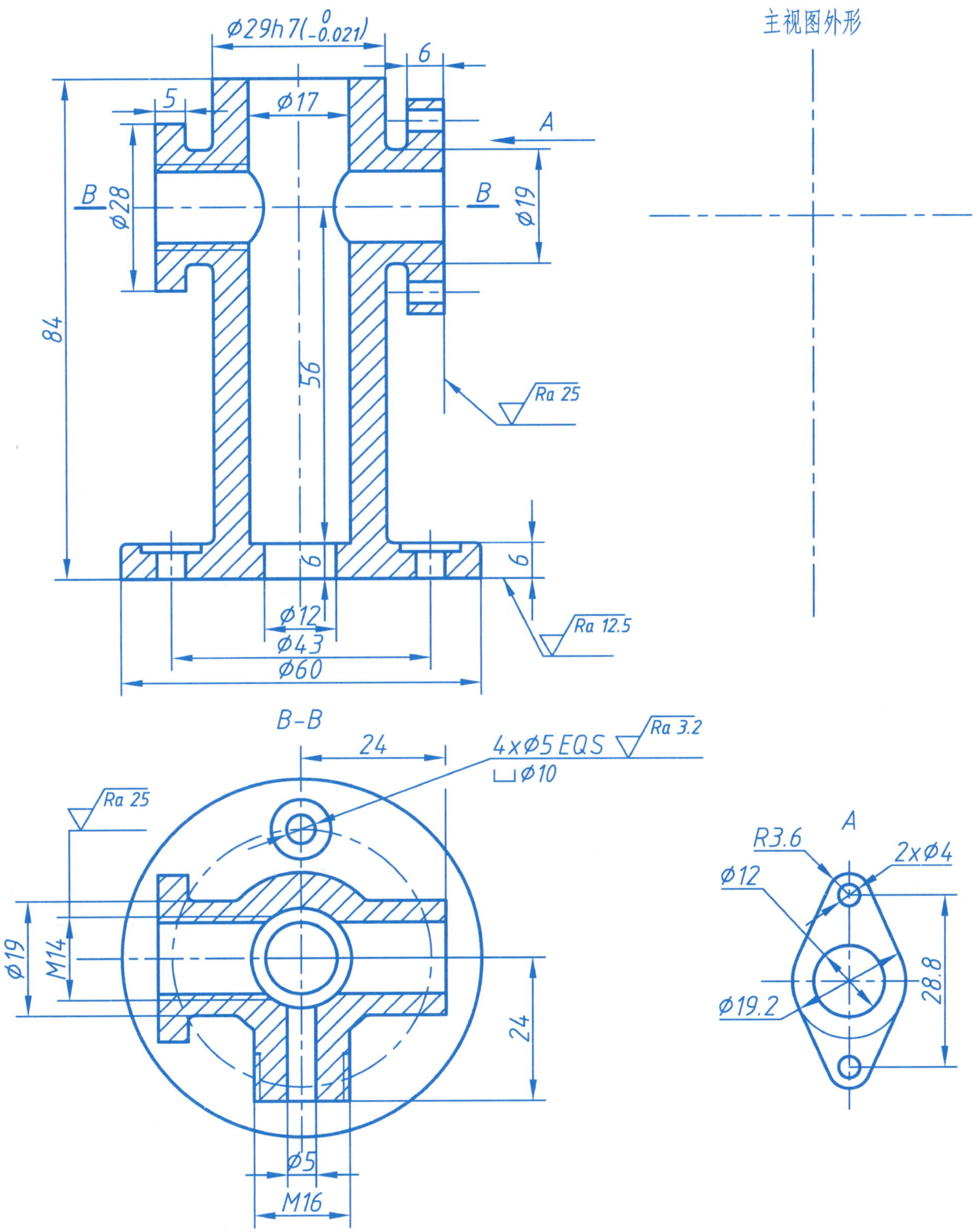

1. 在指定位置用原图比例补全主视图外形（不画虚线）。
2. 回答下列读图问题：
   1) 主视图属于________剖视图，它是用________剖切平面剖切得到的。
   2) 水平底板上共有______个供连接用的通孔，它们的定位尺寸是__________，表面结构要求为__________。
   3) 螺纹代号M14表示螺纹类型为____________，大径为_______，线数为_______，旋向为__________。
   4) 该零件采用了_____种不同的表面结构要求，按表面结构参数值从小到大排列为____________________。
   5) Ø29h7($^{0}_{-0.021}$) 的含义：公称尺寸为_______，最小极限尺寸为________，其中基本偏差代号为_______，标准公差等级代号为_______。

技术要求

1. 锐角倒钝；
2. 未注圆角半径R1。

Ra 50 (√)

						HT150	江苏大学
标记	处数	分 区	更改文件号	签名	年 月 日		支 座
设 计			标准化			阶 段 标 记 / 重量 / 比例	
						1:1	
审 核							P06-08
工 艺			批 准			共 张 第 张	

6-3 读零件图 | 看懂以下零件图，回答以下问题并在指定位置画出主视图的外形。

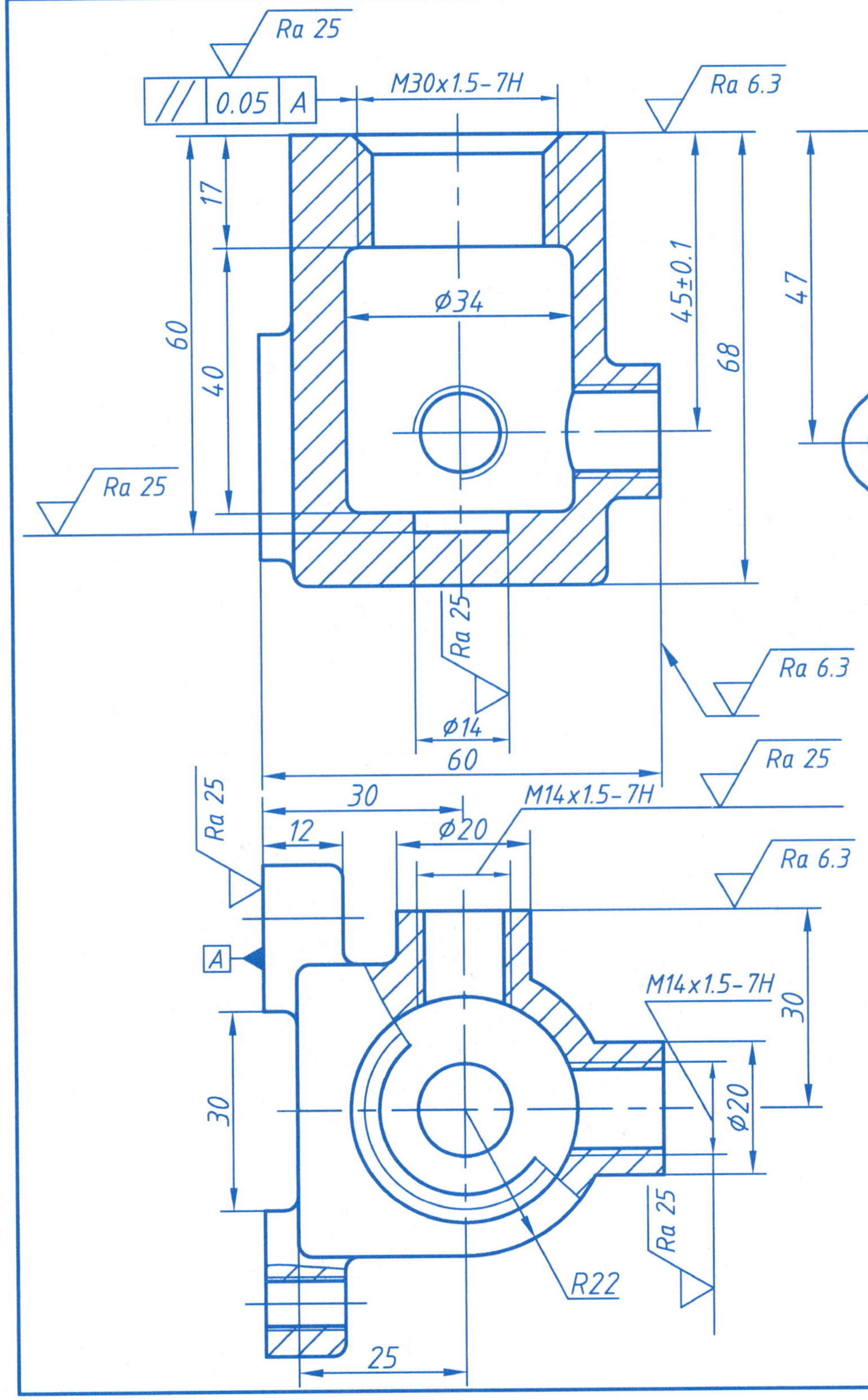

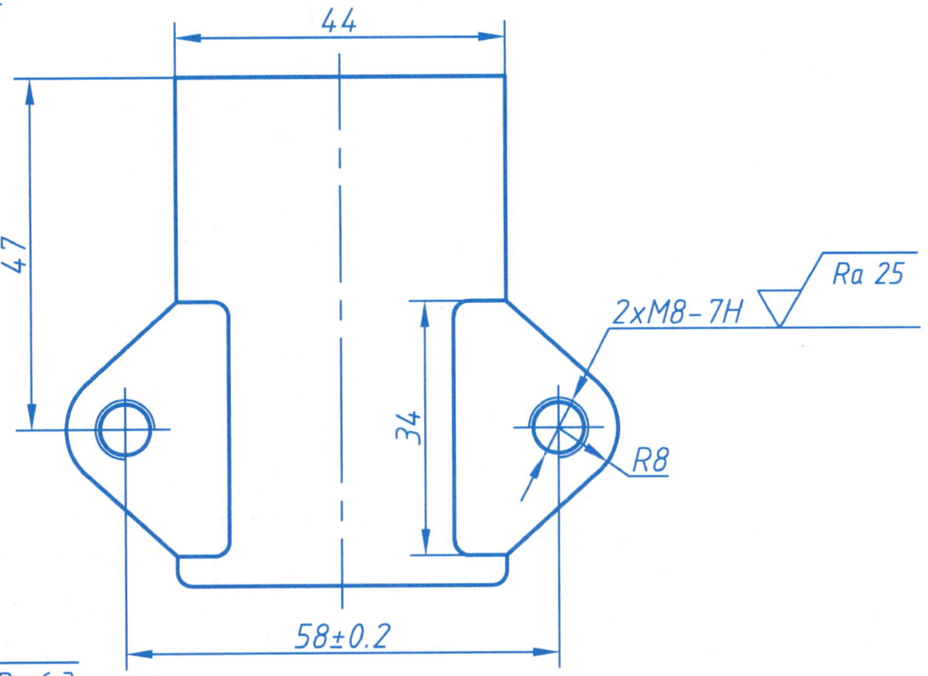

1. 按原图比例画出主视图外形，不画虚线。

2. 回答下列读图问题：

1）该零件图的主视图属于______剖视图，它是采用了________剖切平面剖切得到的。

2）请在图上标出长、宽、高3个方向的尺寸基准。

3）左端安装板上共有_____个供连接用的螺纹孔，螺纹的类型为__________，大径是_______，旋向是_________，其定位尺寸为______________。

4）58±0.2表示公称尺寸为_________，尺寸公差为_________，上极限偏差为__________。

5）该零件的表面结构有_____种不同要求，按从光滑到粗糙的顺序写出：

____。

6）对几何公差标注“// 0.05 A”进行解释________________________。

技术要求

1. 铸造圆角R2；
2. 铸件表面清砂，涂防锈漆。

Ra 50 (√)

标记	处数	分区	更改文件号	签名	年月日	HT150			江苏大学
设计			标准化			阶段标记	重量	比例	泵体
								1:1	
审核									P06-09
工艺			批准			共 张	第 张		

6-3 读零件图　看懂以下零件图，回答以下问题并在指定位置画出主视图的外形。

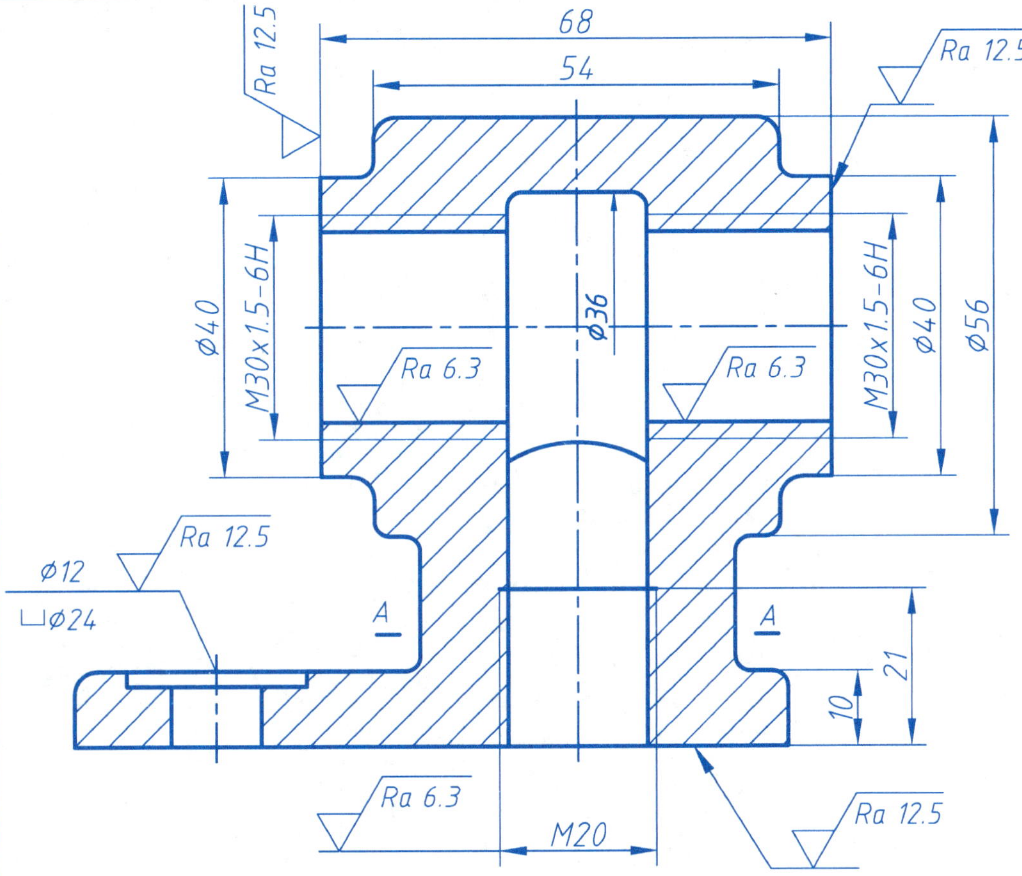

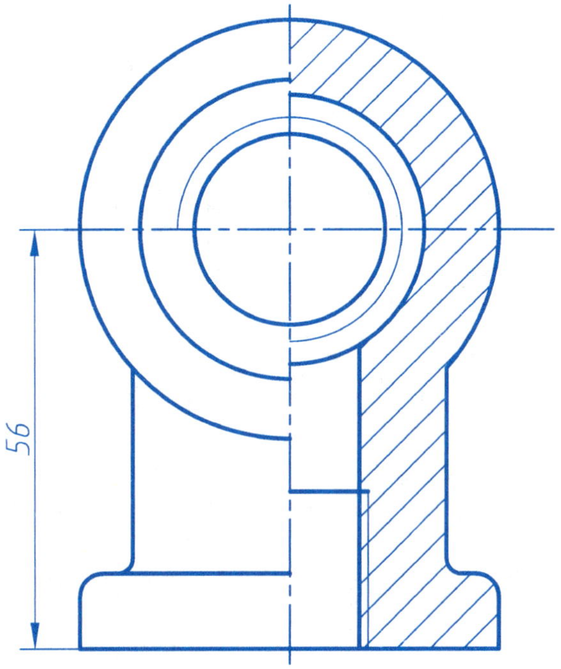

1. 补画主视图外形中所遗漏的图线，不画虚线。

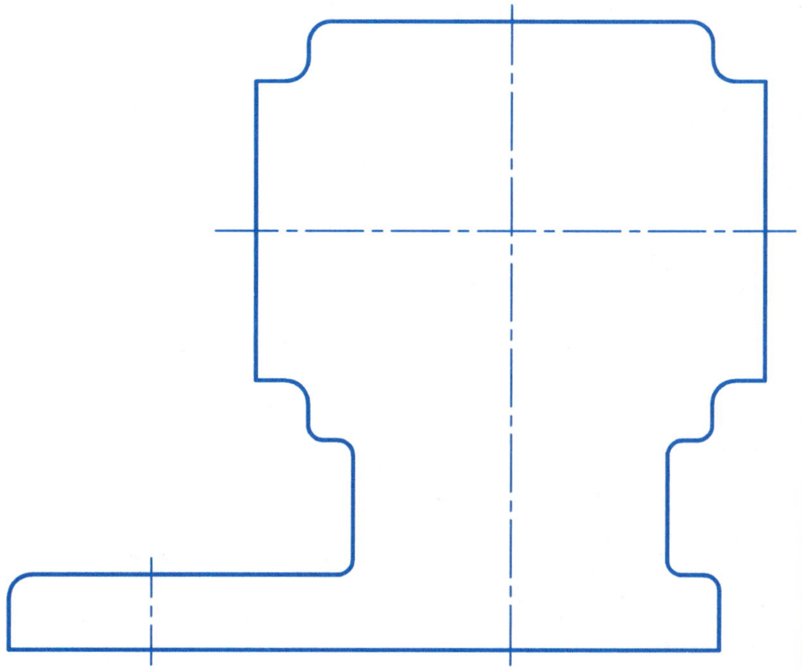

A-A

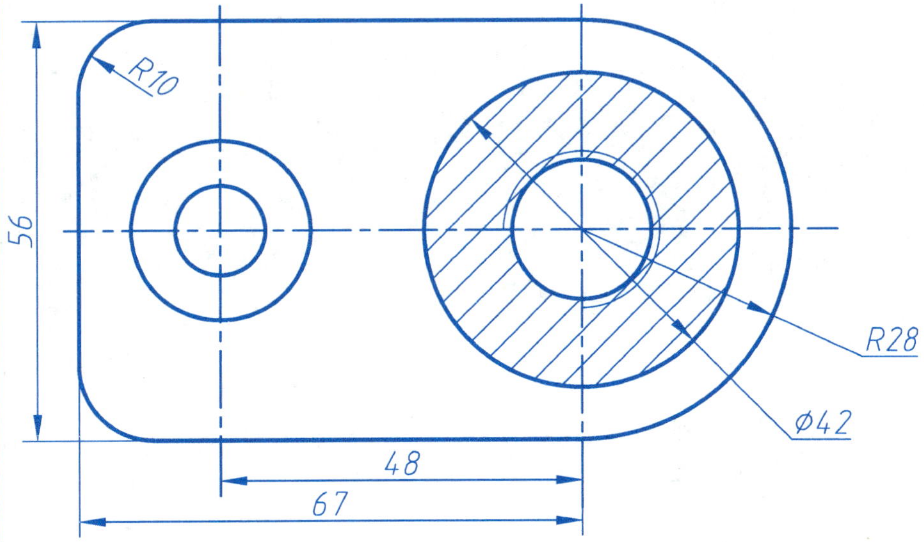

2. 回答下列读图问题:

1）该零件图的主视图属于______剖视图，它是采用了________剖切平面剖切得到的。

2）请在图上标出长、宽、高3个方向的尺寸基准。

3）底板左端安有___个供连接用的通孔，其定形尺寸为____________，其定位尺寸为__________。

4）M30x1.5-6H 表示螺纹类型为____________，大径是______，导程是______，旋向是__________。

5）该零件的表面结构有_____种不同要求，按从光滑到粗糙的顺序写出:

____。

6）解释 Ra 50 的含义是____。

技术要求

1. 铸造圆角 R2~R3;
2. 铸件表面清砂，涂防锈漆。

Ra 50 (√)

标记	处数	分区	更改文件号	签名	年月日	HT150		江苏大学
设计			标准化			阶段标记	重量	比例	阀体
								1:1	
审核									P06-10
工艺			批准			共 张 第 张			

7-1 拼画千斤顶装配图（零件图见45页）

* 用途

千斤顶是一种装配工具，用以顶举重物进行装配或维修。

* 工作原理与结构

千斤顶利用调节螺母（件4）与丝杆（件3）间的螺纹传动使丝杆（件3）上升而顶举重物。螺钉（件2）拧入丝杆下方的长圆形槽内，作丝杆圆周方向定位用（防止丝杆旋转）。

* 作业要求

根据示意图与零件图拼画装配图。

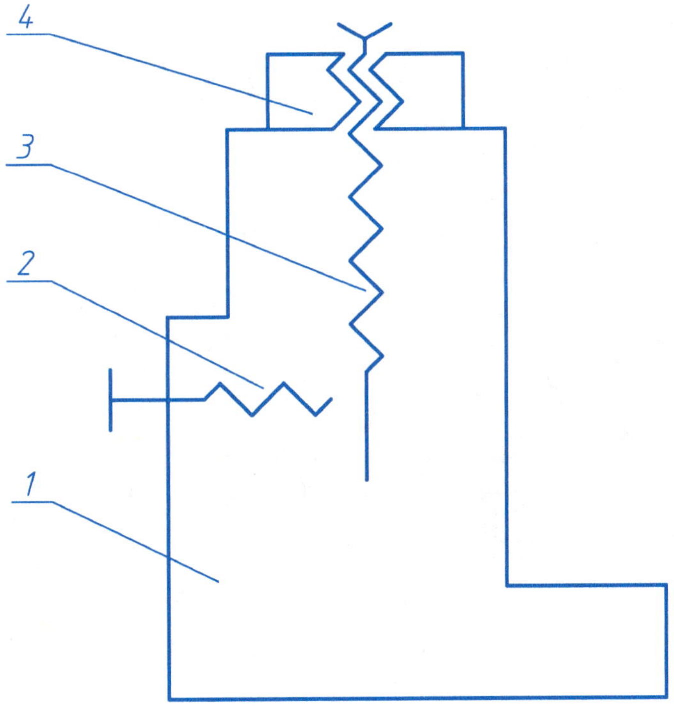

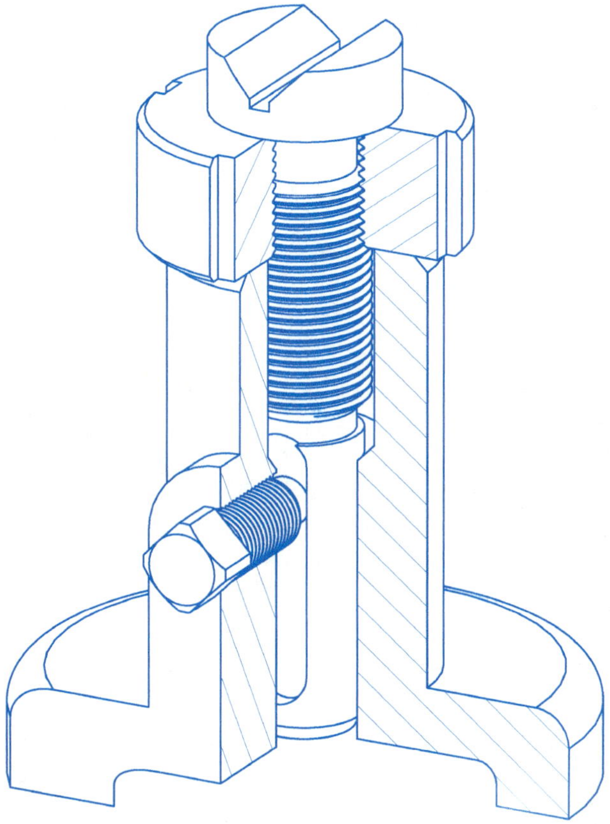

序号	代号	名称	数量	材料	单件重量	总计重量	备注
4	P-0504	调节螺母	1	35			
3	P-0503	丝杆	1	45			
2	P-0502	螺钉	1	Q235-A			
1	P-0501	底座	1	HT150			

标记	处数	分区	更改文件号	签名	年月日
设计		标准化		阶段标记 / 重量 / 比例	江苏大学
审核					千斤顶
工艺		批准		共 张 第 张	P71-05

7-1 拼画千斤顶装配图

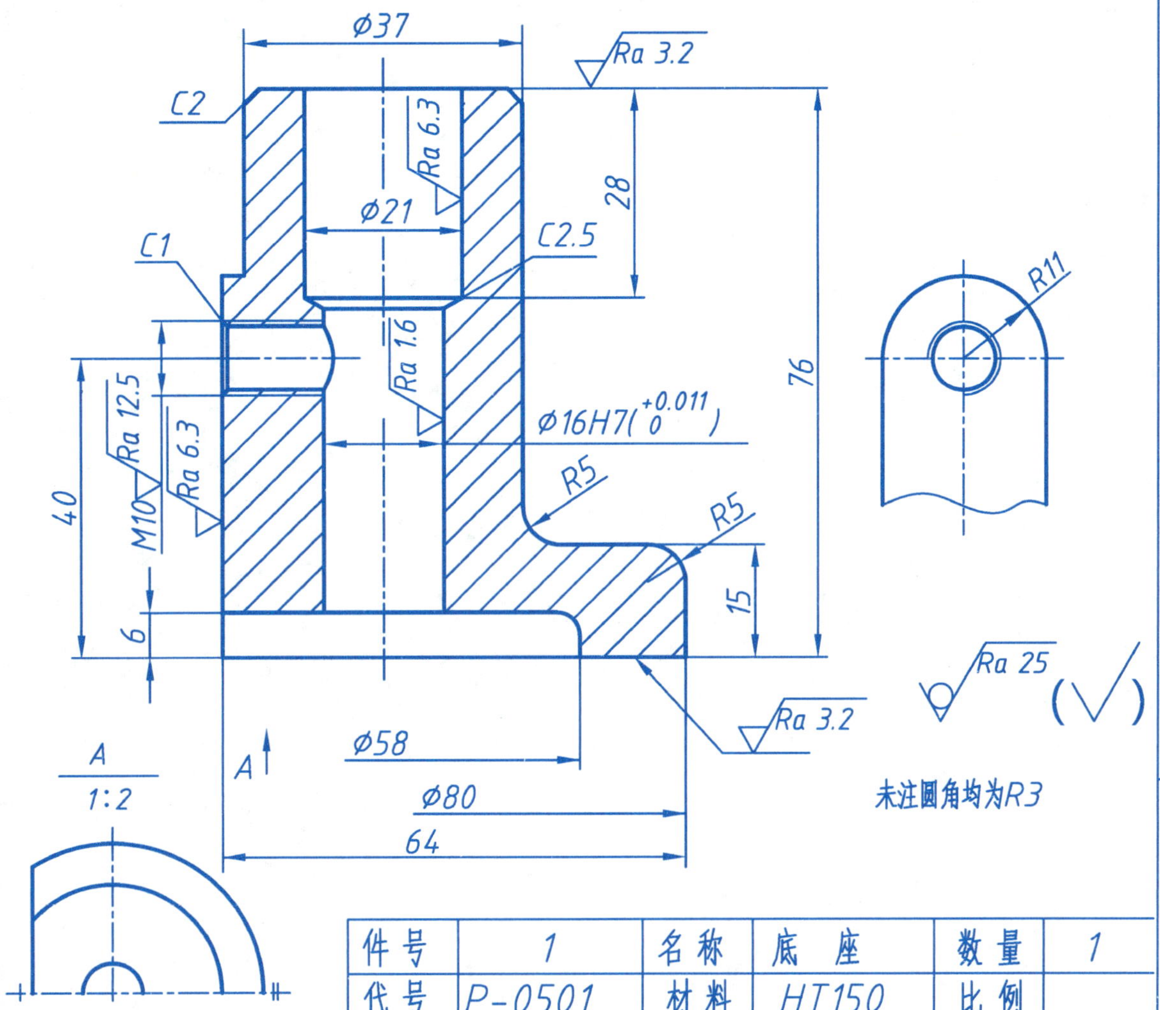

件号	1	名称	底座	数量	1
代号	P-0501	材料	HT150	比例	

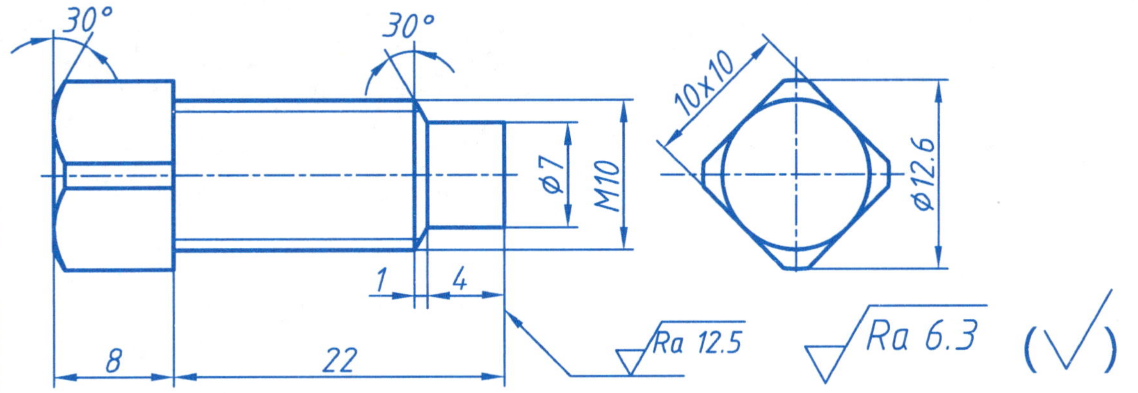

件号	2	名称	螺钉	数量	1
代号	P-0502	材料	Q235-A	比例	

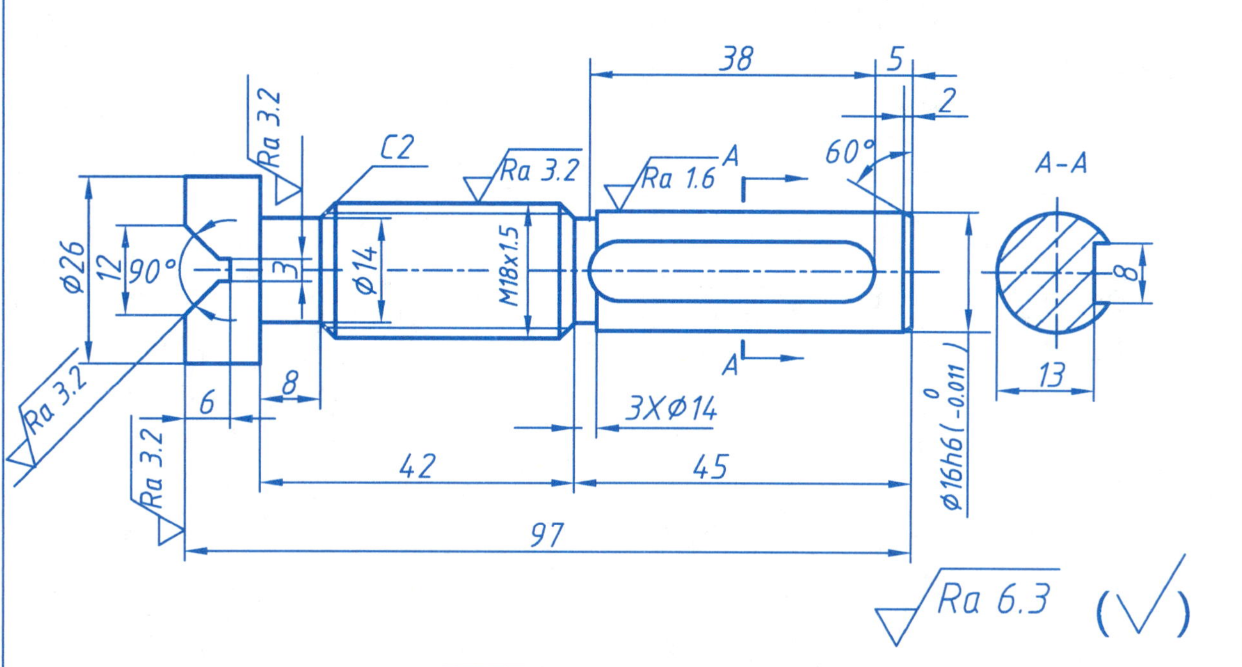

件号	3	名称	丝杆	数量	1
代号	P-0503	材料	45	比例	

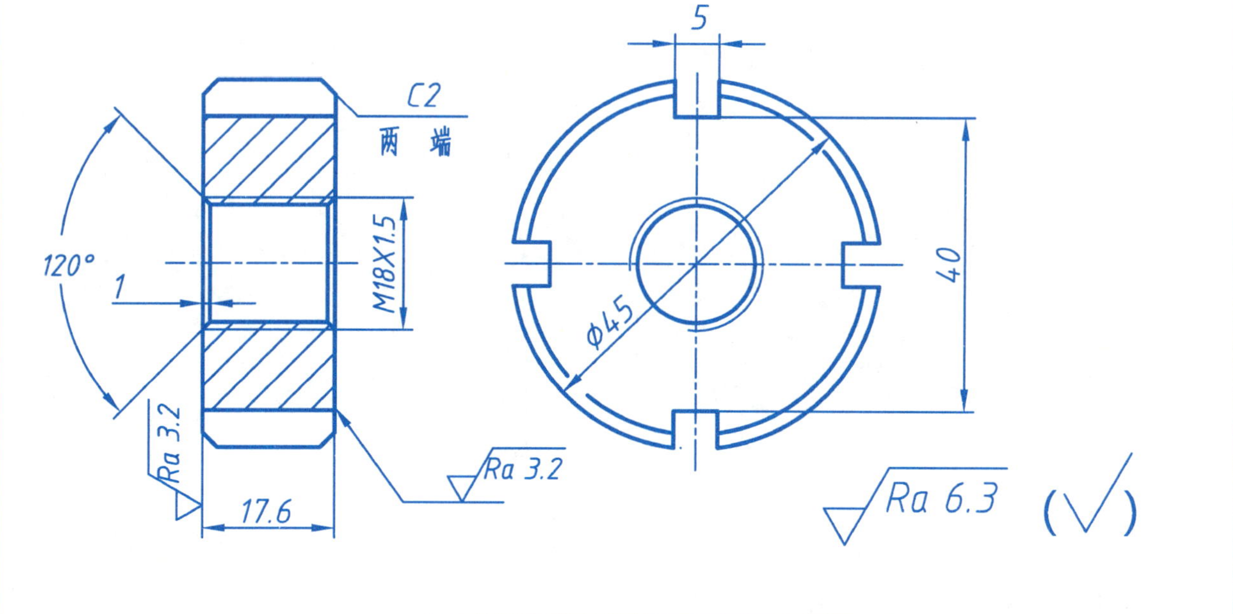

件号	4	名称	调节螺母	数量	1
代号	P-0504	材料	35	比例	

班级________ 学号________ 姓名________

7-1 拼画千斤顶装配图 （零件图见45页）

序号	代号	名称	数量	材料	单件重量	总计重量	备注

							江苏大学
标记	处数	分区	更改文件号	签名	年月日		
设计			标准化			阶段标记 重量 比例	
审核							
工艺			批准			共 张 第 张	

7-2 读旋塞阀装配图（装配图见48页）

1. 读懂旋塞阀装配图，并回答下列问题：

1）如果旋塞阀中的液体有些外漏，可采取什么措施？

答：

2）图中　147 属于（　　　　　）尺寸；　　G1/2 属于（　　　　　）尺寸；

67 属于（　　　　　）尺寸；　　$\phi34\frac{H7}{h7}$ 属于（　　　　　）尺寸；

50 属于（　　　　　）尺寸。

3）根据代号：螺栓 GB/T 5782 M10×30 查出有关尺寸，并填入下图。

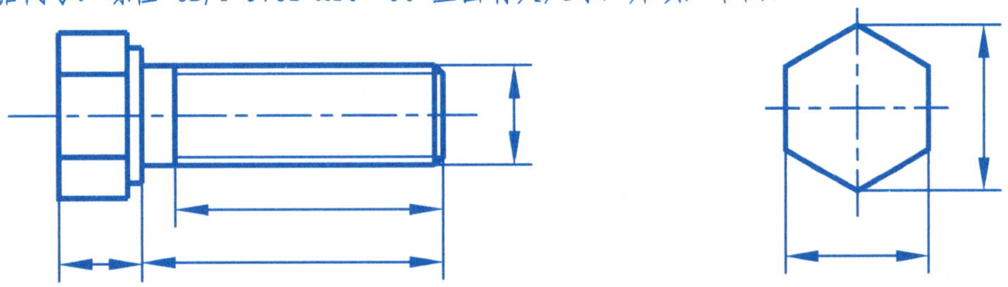

4）说明阀体（件2）与压盖（件5）配合处代号 $\phi34\frac{H7}{h7}$ 的含义：基（　　）制，（　　）配合，其中孔的公差带代号为（　　），轴的公差带代号为（　　）；并在零件图中注出相应的尺寸和偏差值。

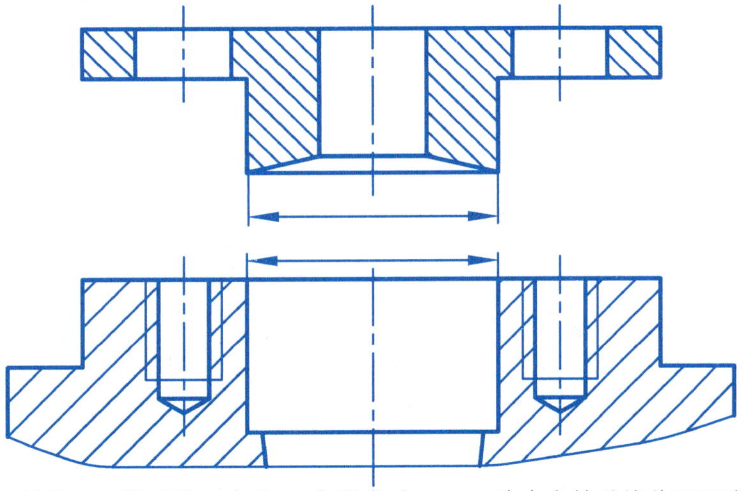

5）如果有一根轴，用普通平键联接一齿轮，已知轴径为$\phi30$，请查出键联接装配画法的有关尺寸，填入下图。

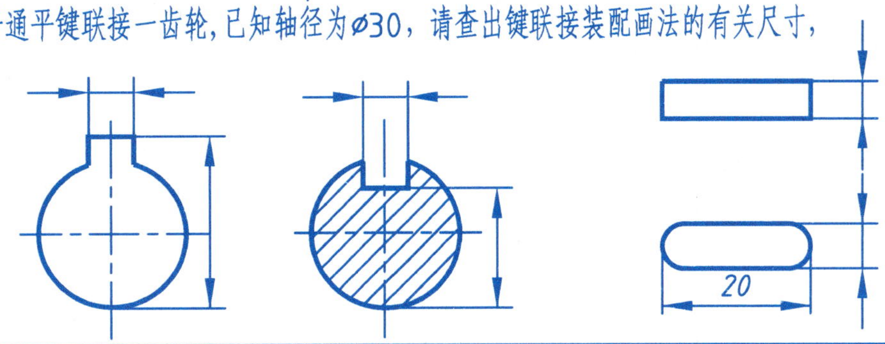

2. 拆画阀体（件2）零件工作图。

7-2 读旋塞阀装配图

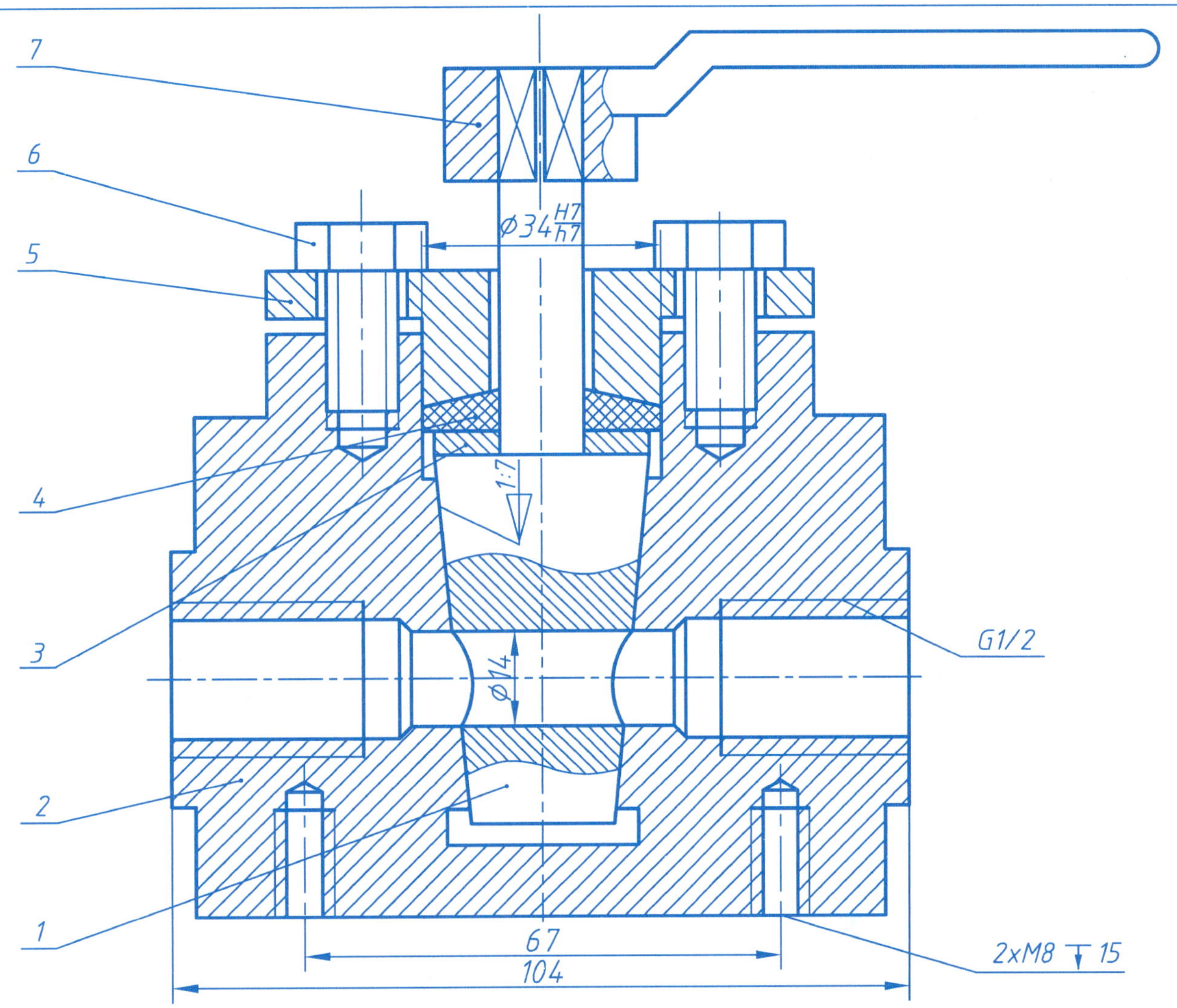

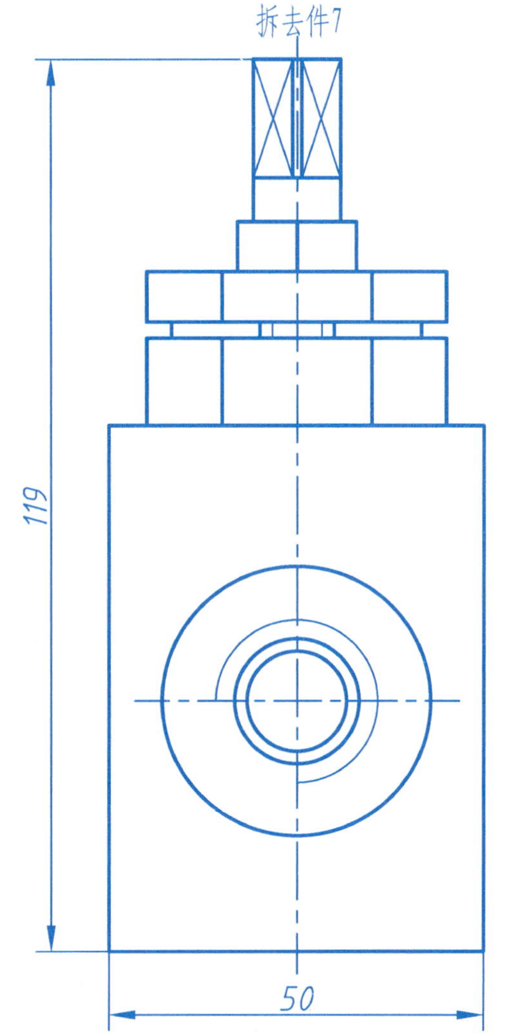

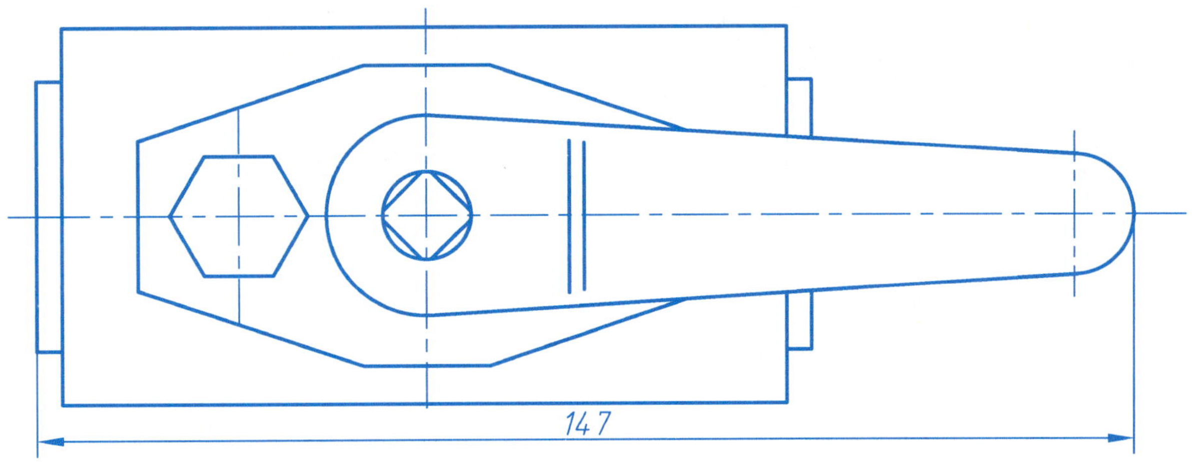

* 用途

旋塞阀是装在管路中控制管路通与不通的装置。

* 工作原理

图示位置旋塞(件1)锥面上的孔对正阀体(件2)的进出口，则管路流通。当转动扳手(件7)，通过旋塞(件1)上方的方轴结构，使旋塞正转或反转90°，则管路不流通。

填料(件4)是用以防止旋塞内的液体外漏的密封件，螺钉(件6)可调节压盖(件5)压紧填料(件4)的程度，改善密封效果。

序号	代号	名称	数量	材料	单件重量	总计重量	备注
7	ZD25-06	扳手	1	HT150			
6	GB/T5782	螺钉M10x30	2	Q235-A			
5	ZD25-05	压盖	1	HT200			
4	ZD25-04	填料	1	橡胶			
3	ZD25-03	垫圈	1	Q235-A			
2	ZD25-02	阀体	1	HT200			
1	ZD25-01	旋塞	1	H62			

标记	处数	分区	更改文件号	签名	年月日		江苏大学
设计		标准化		阶段标记	重量	比例	旋塞阀
审核						1:1	
工艺		批准		共 张 第 张			ZD25-00

7-3 读齿轮油泵装配图 （装配图见50页）

1. 读懂齿轮油泵装配图，并回答下列问题：

1）左视图中主动齿轮旋转方向为顺时针方向，说明该齿轮泵的入口在（ ）方，出口在（ ）方。

2）如果主动齿轮轴（件6）在螺母（件9）处有些漏油，可采取什么措施？

答：________________________________

3）图中 110属于（ ）尺寸； 70 属于（ ）尺寸；

65属于（ ）尺寸； G3/8 属于（ ）尺寸。

4）说明从动轴（件4）与从动齿轮（件5）配合处代号 $\varnothing 16\frac{H7}{f6}$ 的含义：基（ ）制，（ ）配合，其中孔的公差带代号为（ ），轴的公差带代号为（ ），在零件图中注出相应的尺寸和偏差。

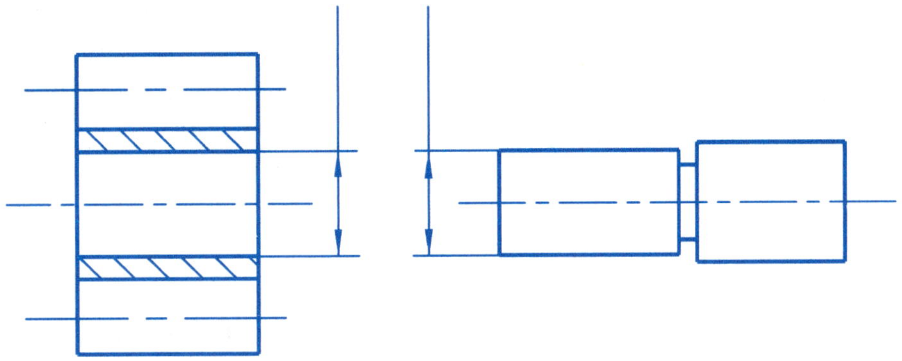

5）请根据GB/T 67—2016 开槽盘头螺钉M6×16的规定标记查出画装配图时有关尺寸，并填入下图。

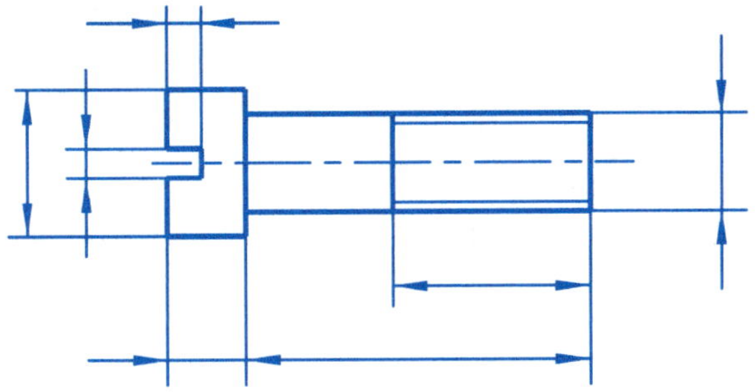

2. 拆画（件1）零件工作图。

7-3 读齿轮油泵装配图

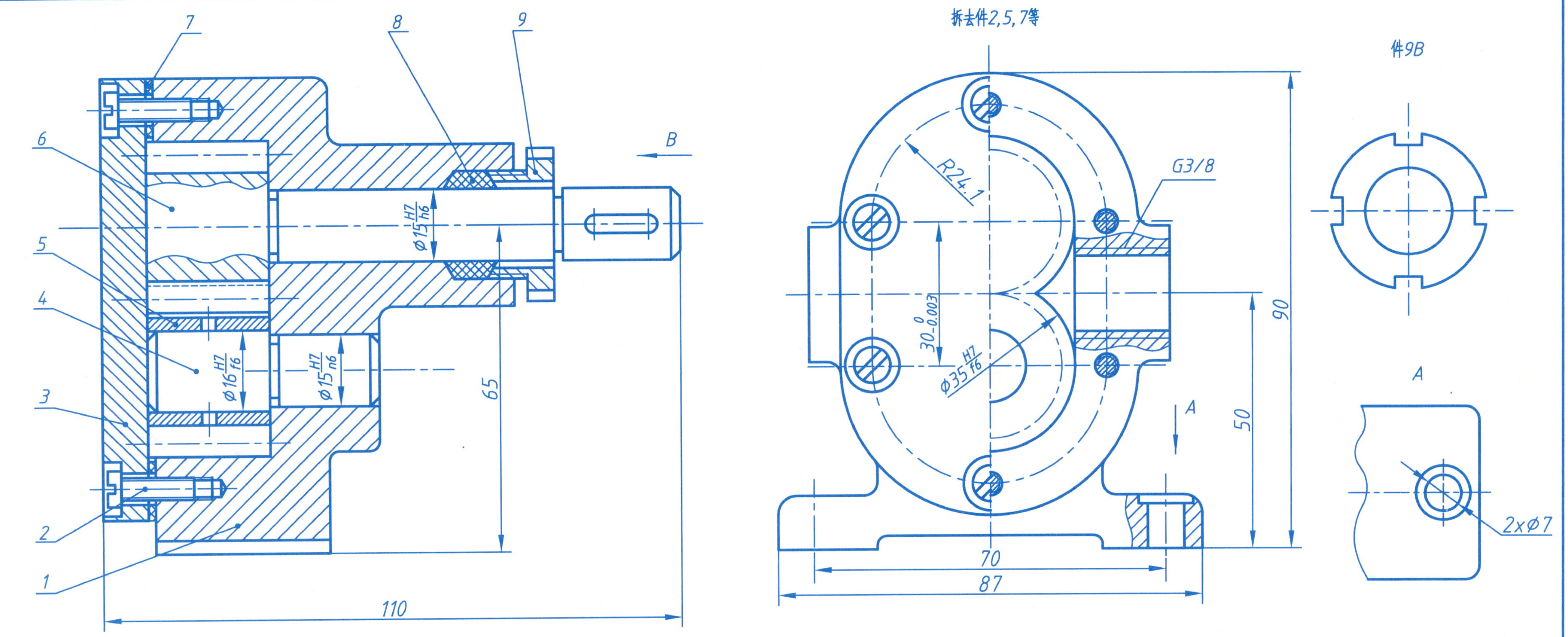

9	ZD26-8	压紧螺母	1	45			
8	ZD26-7	填料	1	石棉			
7	ZD26-6	垫片	1	纸板δ=1			
6	ZD26-5	主动齿轮轴	1	45			m=4,z=8
5	ZD26-4	从动齿轮	1	45			m=4,z=8
4	ZD26-3	轴	1	45			
3	ZD26-2	泵盖	1	HT150			
2	GB67-2000	螺钉M6x16	6	Q235-A			
1	ZD26-1	泵体	1	HT200			
序号	代号	名称	数量	材料	单件重量	总计重量	备注

技术要求

1. 齿轮安装后，用手转动，无卡阻现象；
2. 安装后，进行油压试验。

标记	处数	分区	更改文件号	签名	年月日	G3/8	江苏大学
设计		标准化				阶段标记 / 重量 / 比例 1:1	齿轮油泵
审核							ZD26-00
工艺		批准				共 张 第 张	

 班级________ 学号________ 姓名________

附-1 完成圆柱体的三面投影

1.

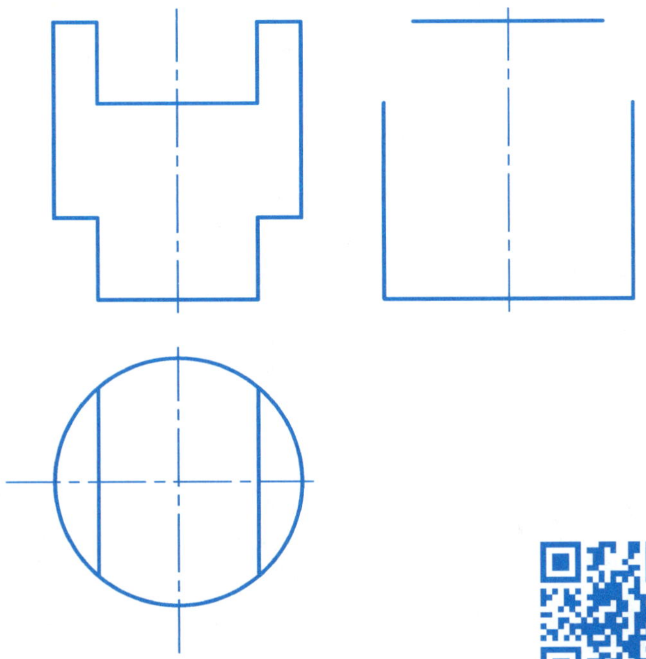

2.

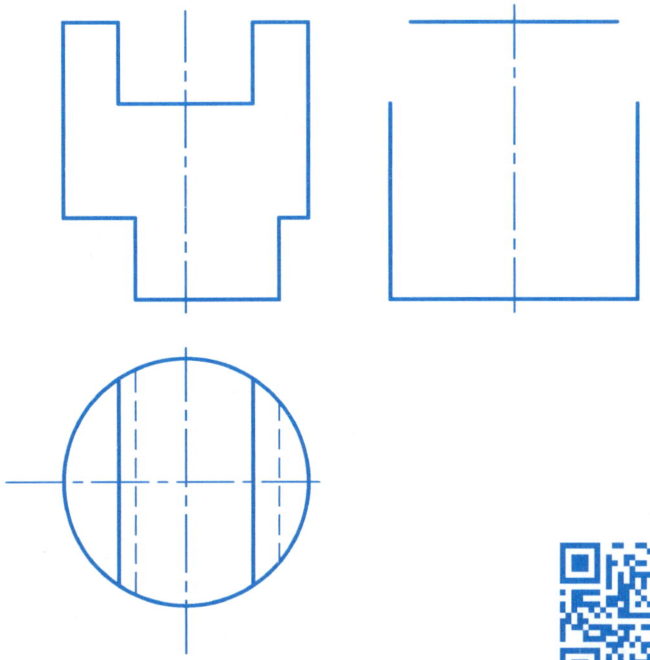

3.

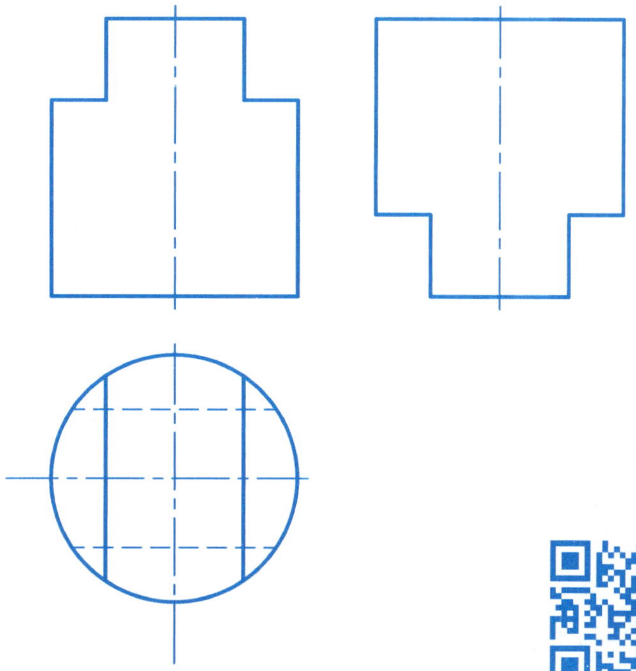

4.

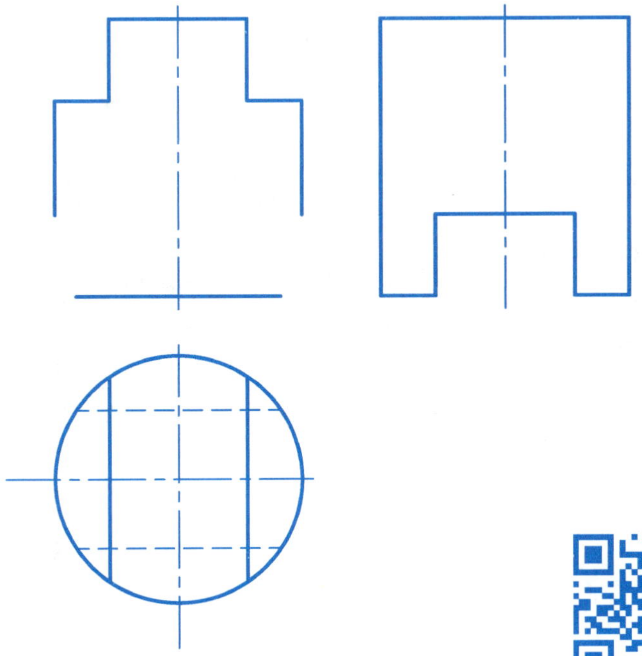

5.

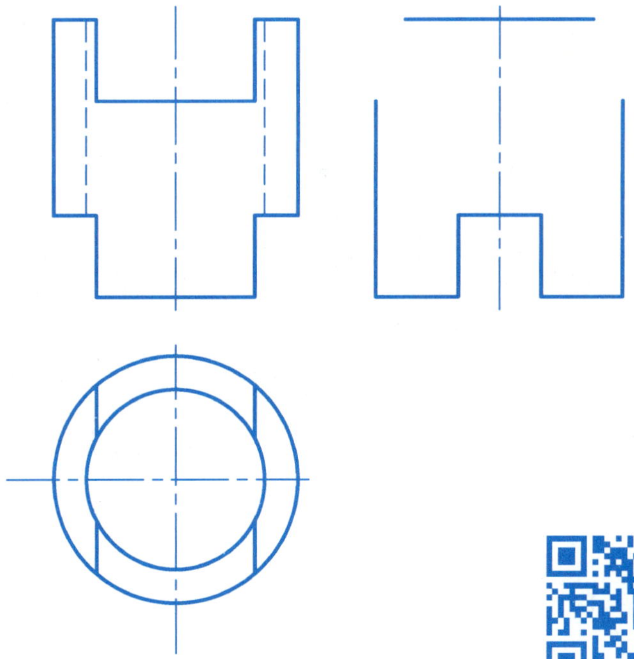

6.

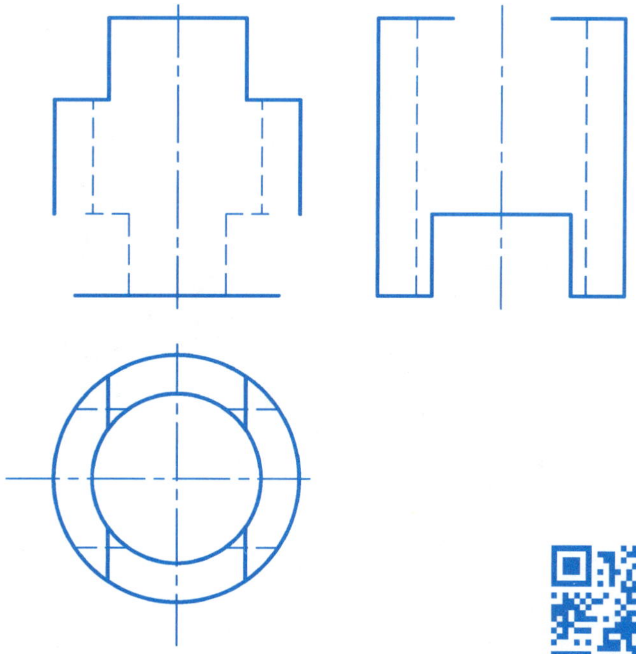

附-2 画出各种有孔槽的空心圆柱的相贯线

1.

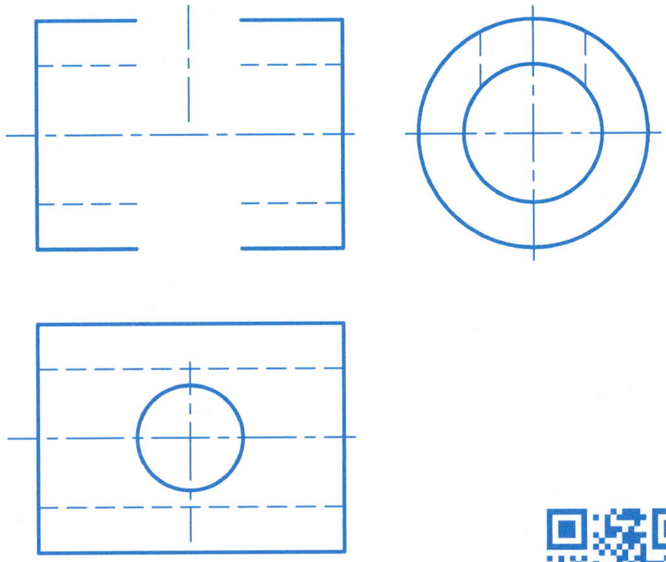

2.

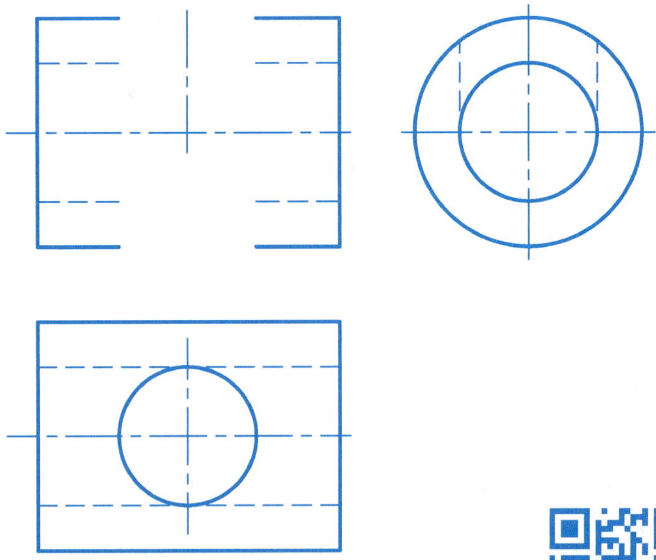

3.

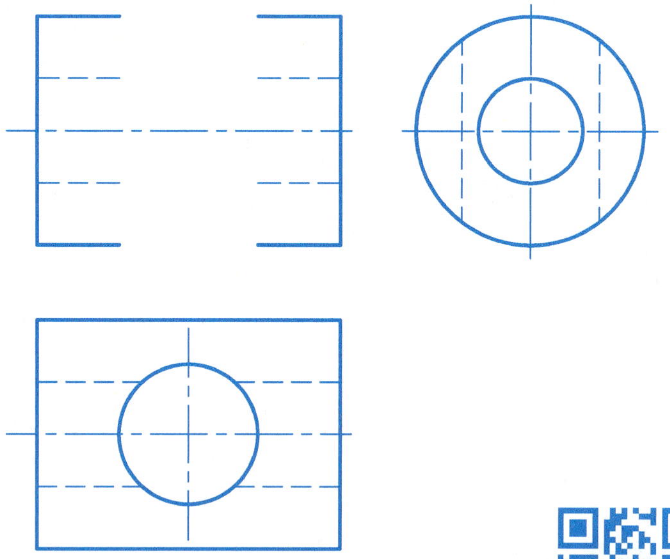

4.

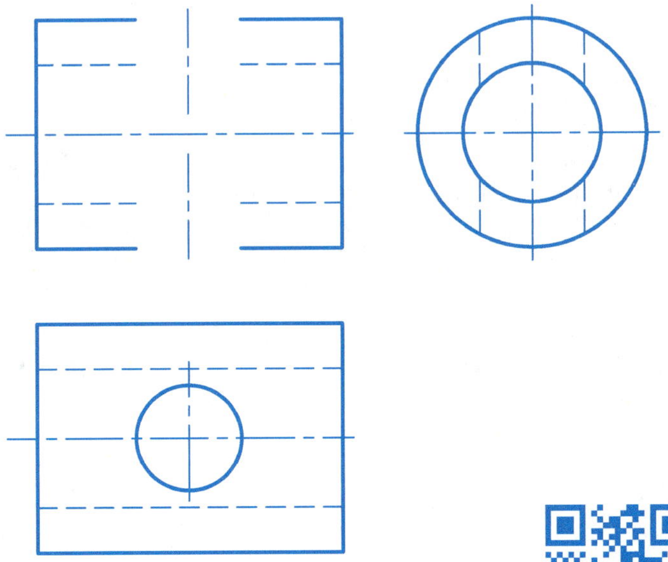

5.

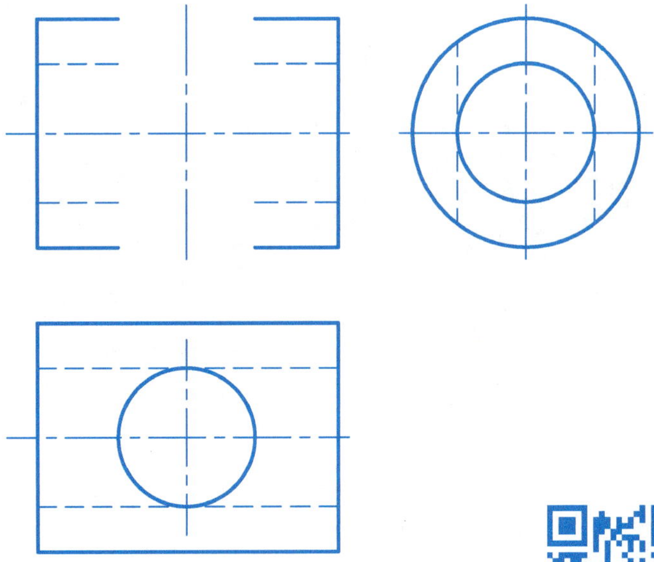

6.

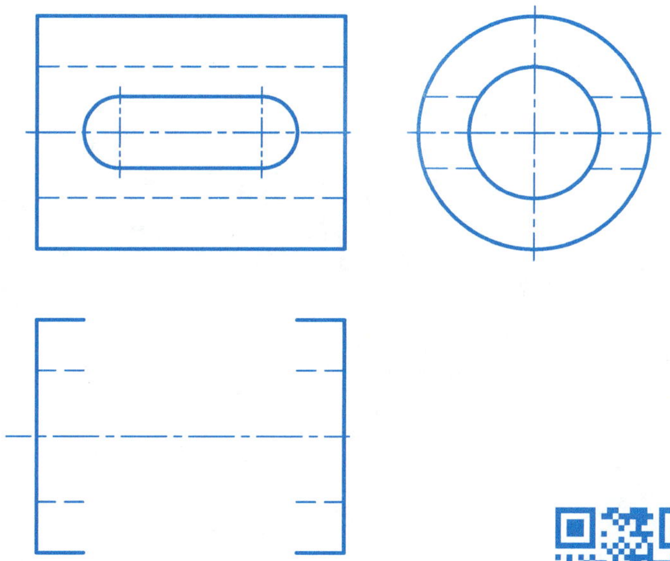

附-3 补画三视图中漏画的线

1.

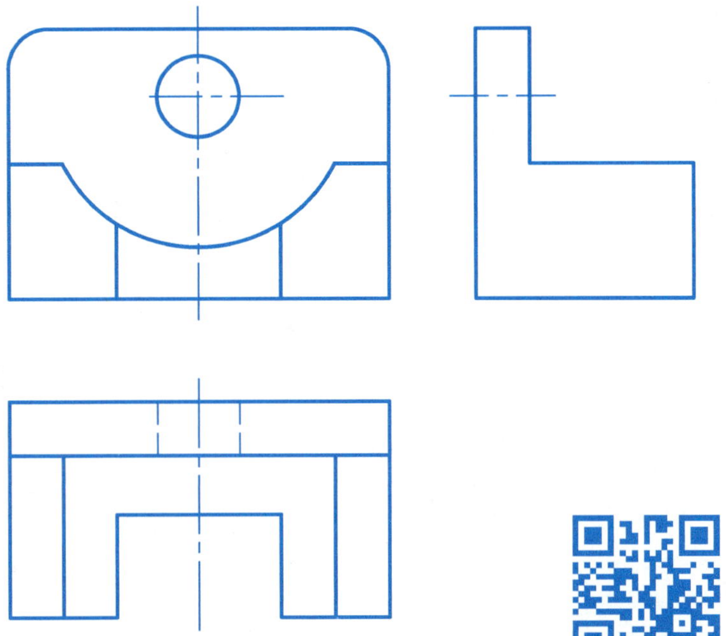

2.

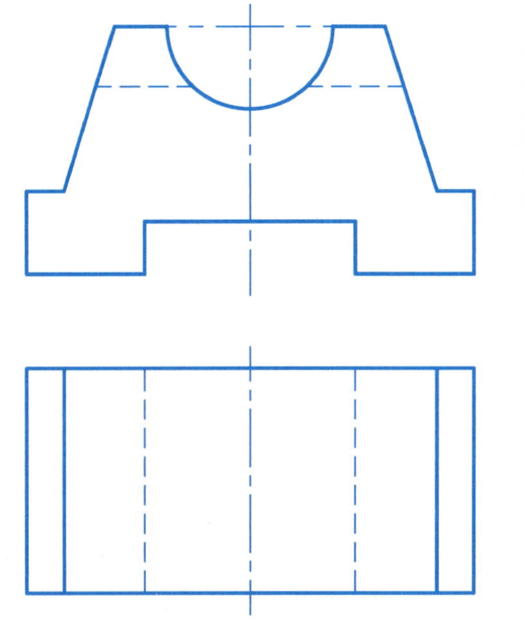

3.

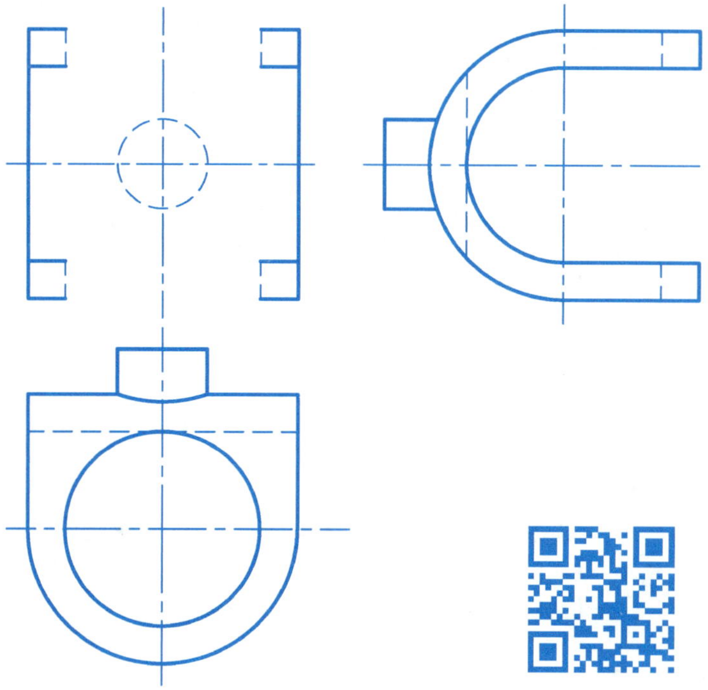

4.

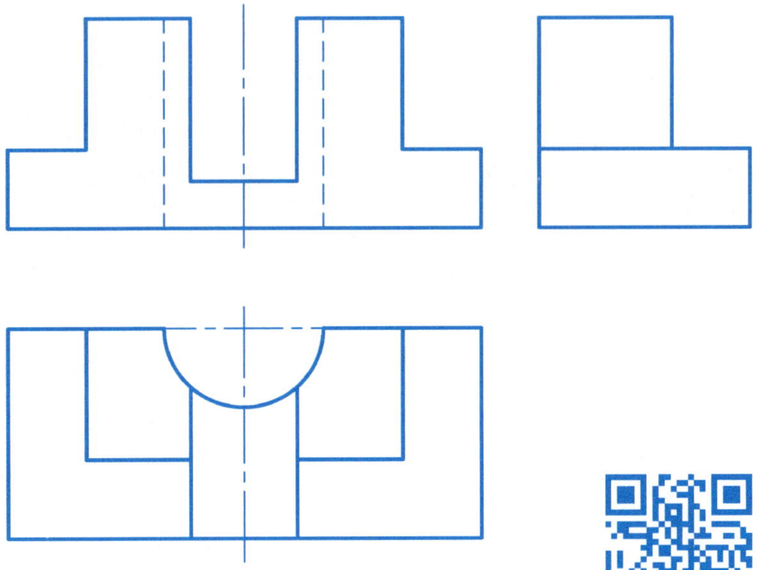

5.

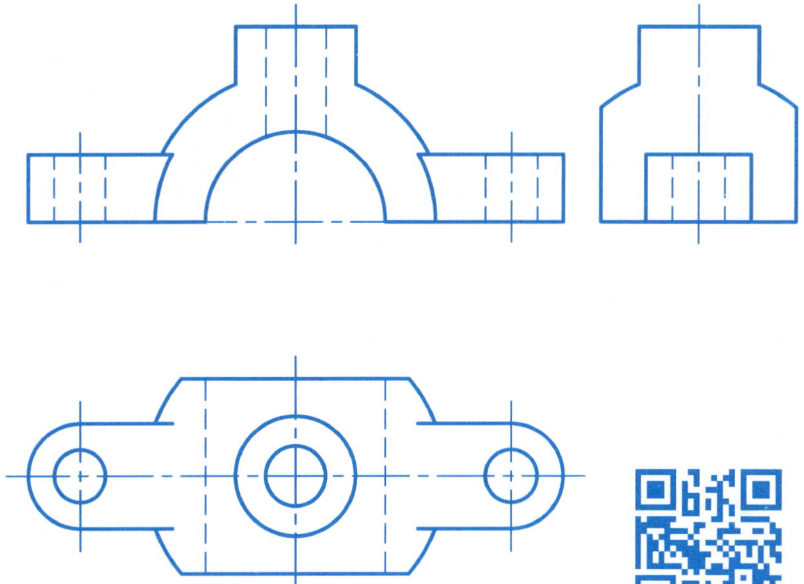

6.

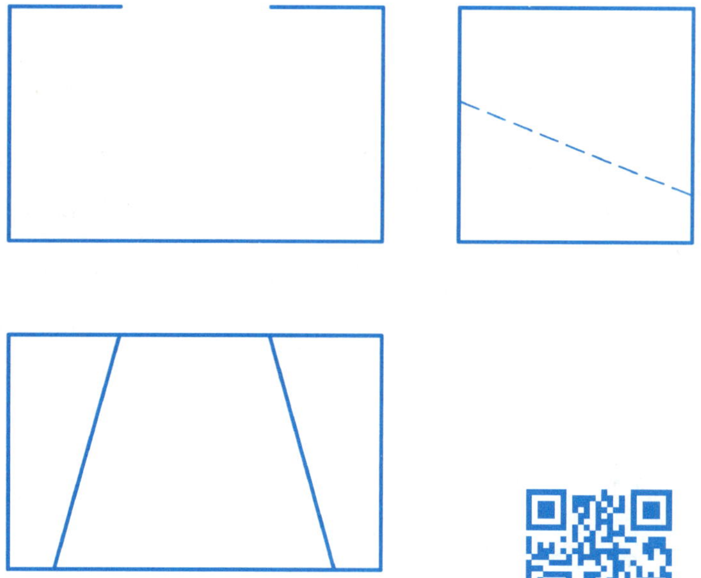

附-4 根据已知视图补全三视图

1.

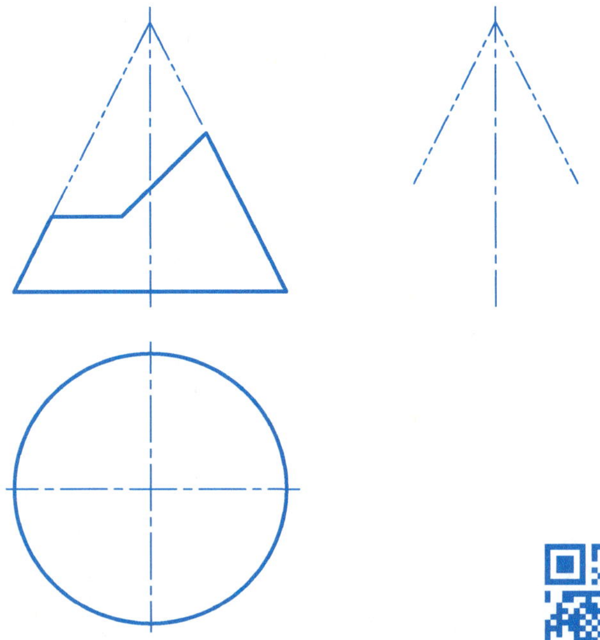

2.

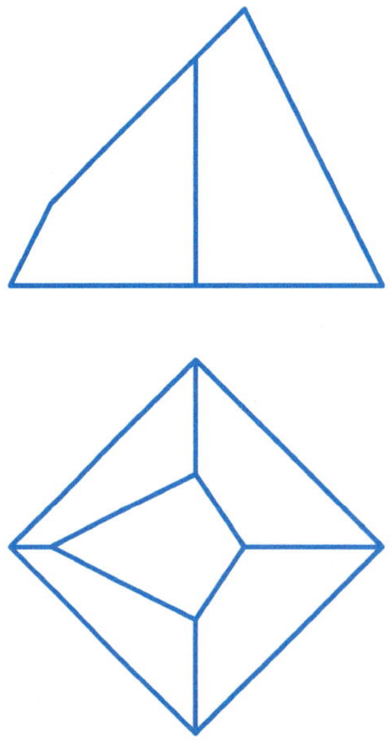

3.

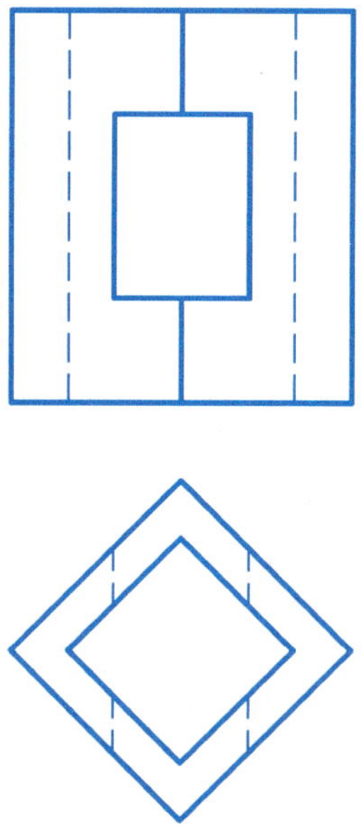

4.

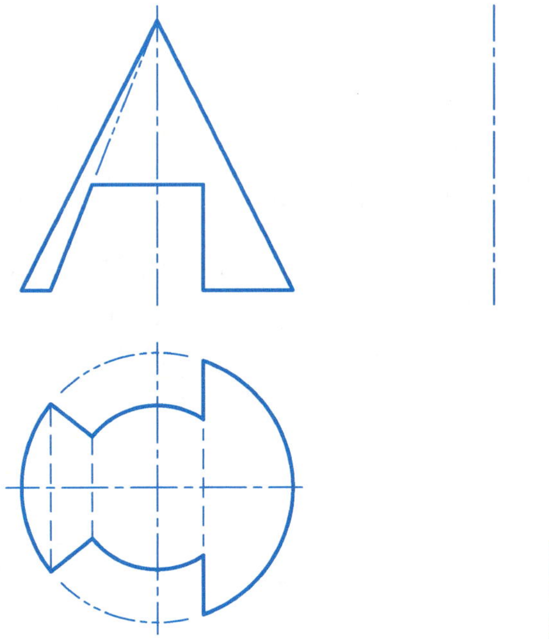

5.

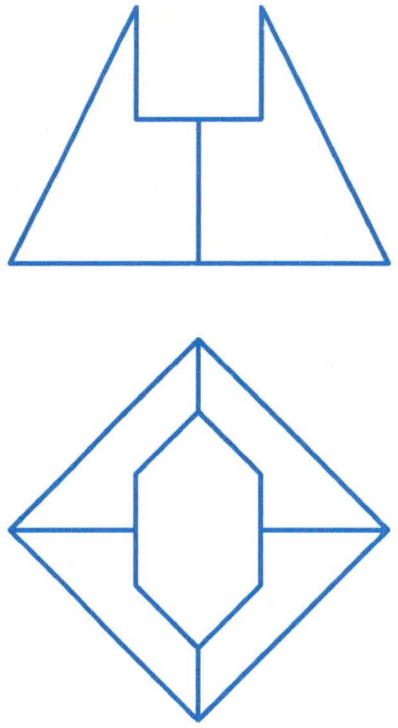

6.

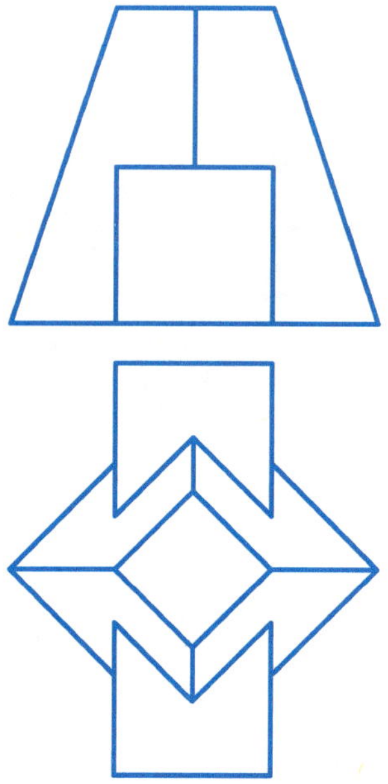

班级__________ 学号__________ 姓名__________

附-5 已知两个视图，在指定位置补画第三视图

1.

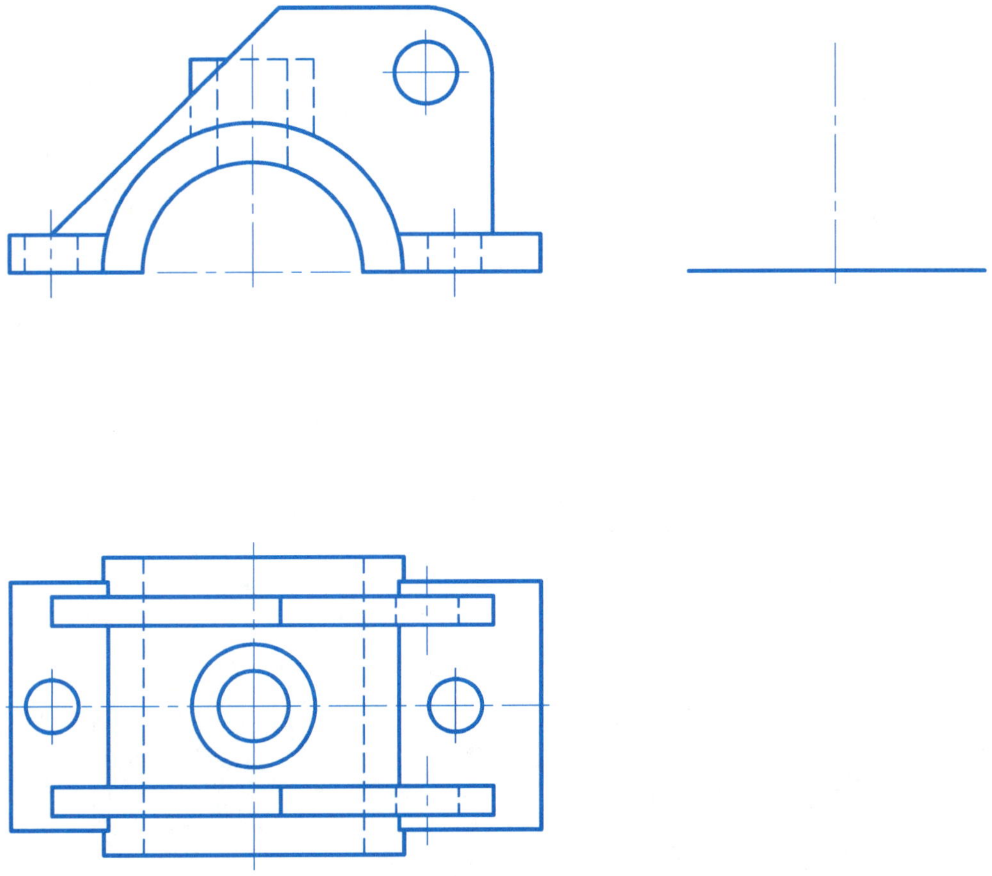

2.

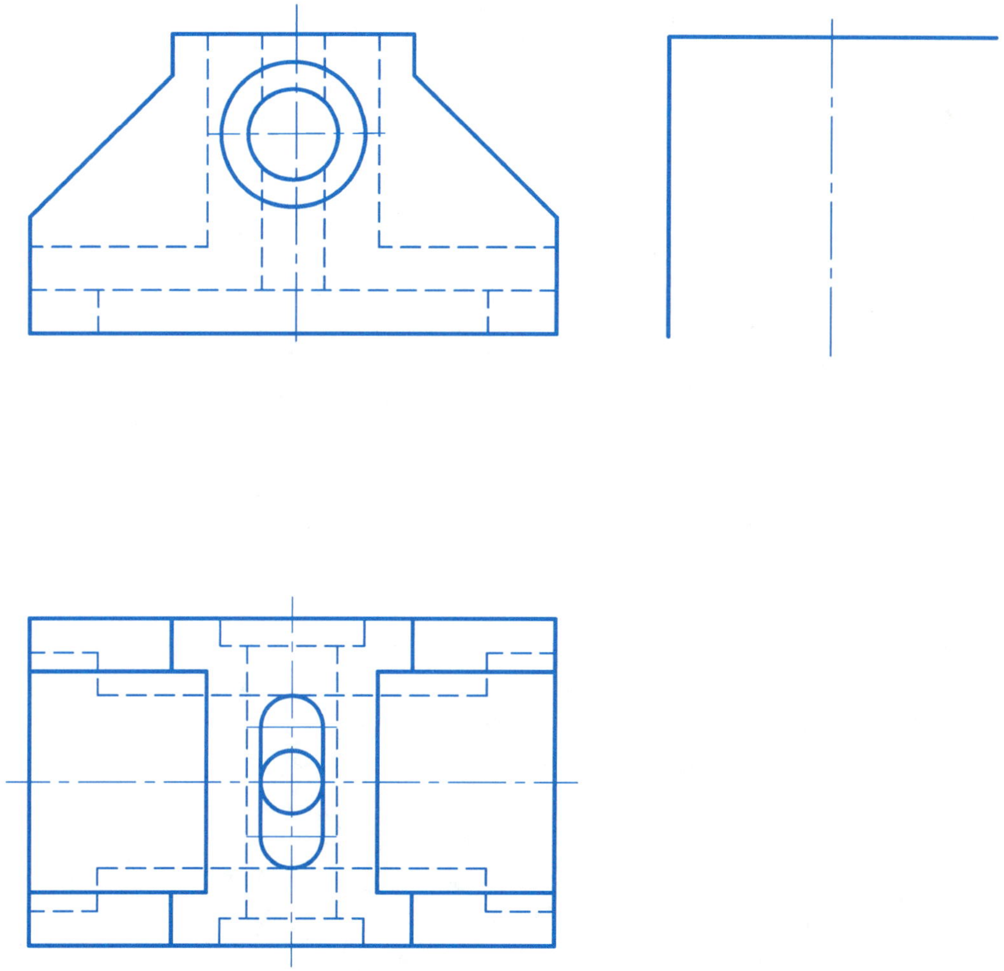

班级__________ 学号__________ 姓名__________

附-6 标注组合体的尺寸（尺寸值在图中按照1：1量取并取整）

1.

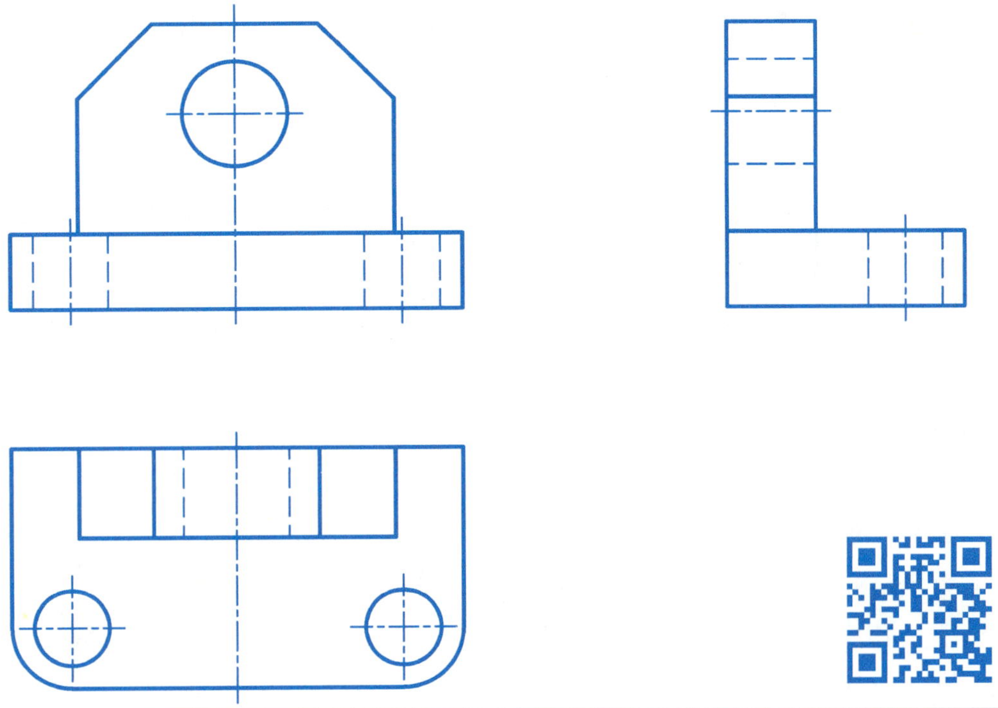

2.

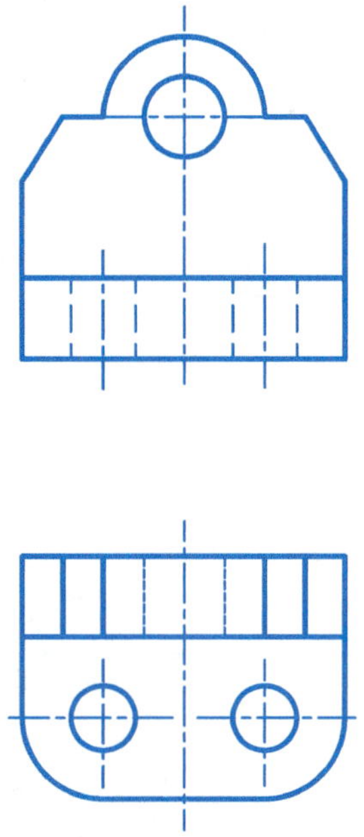

3.

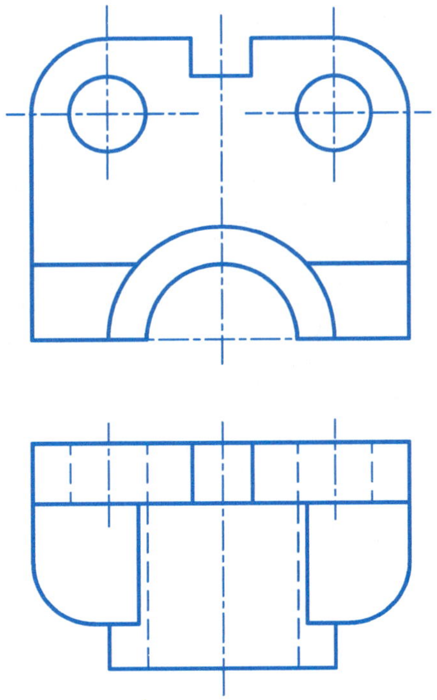

4.

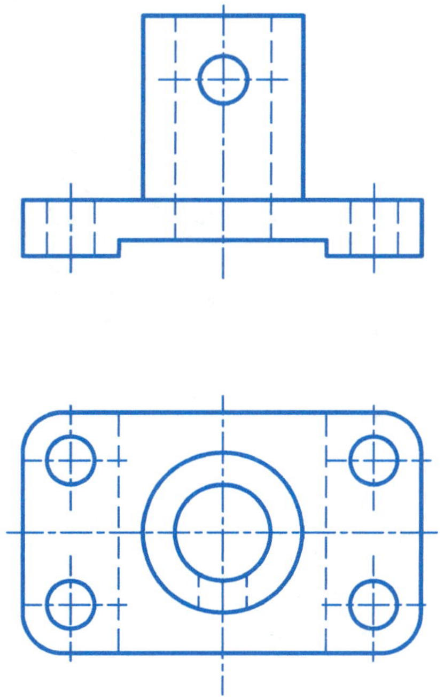

附-7 在指定位置取全剖视和半剖视

1. 在指定位置将主视图取$A-A$全剖视，左视图取$B-B$半剖视。

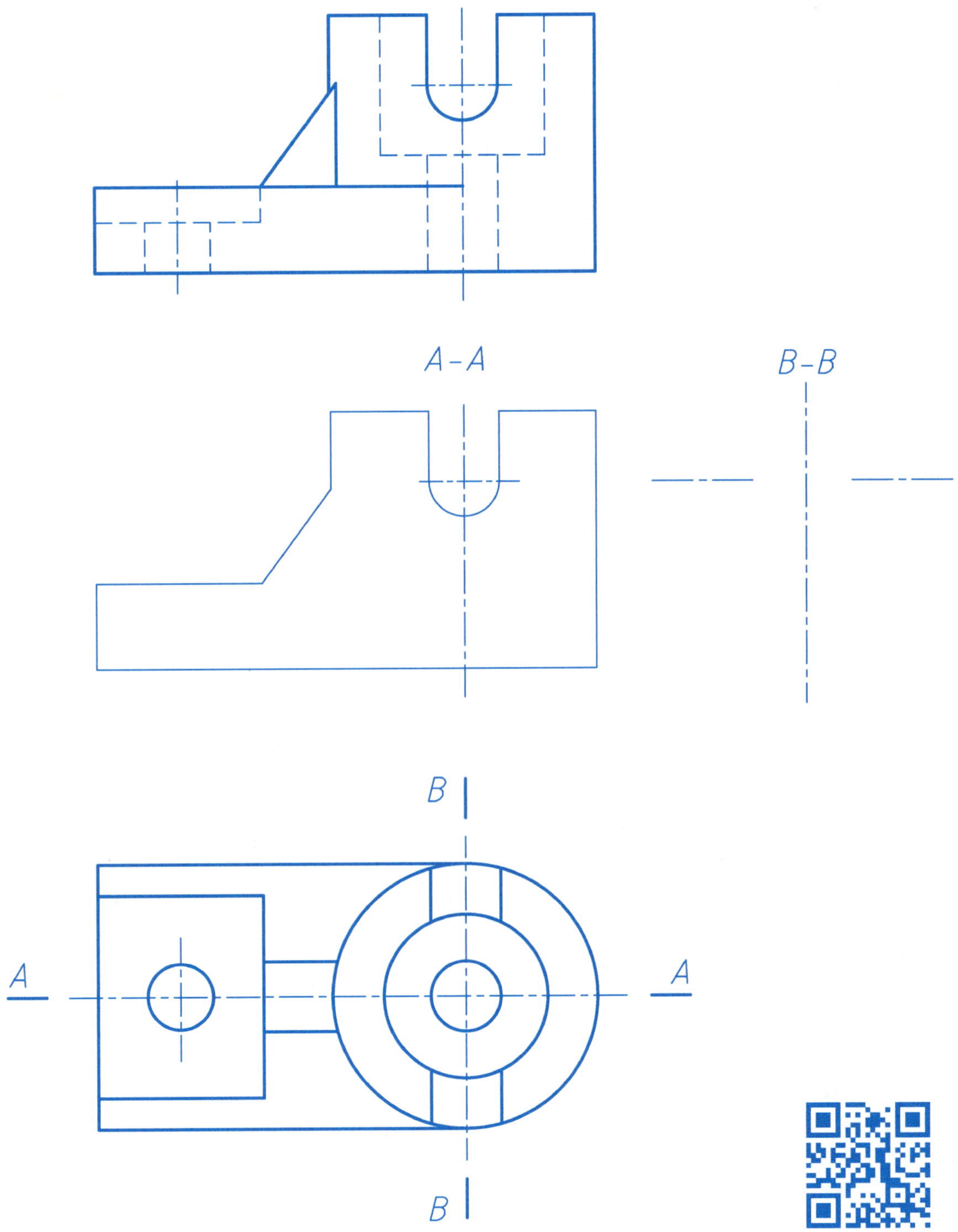

2. 在指定位置将主视图取$A-A$半剖视，左视图取$B-B$全剖视。

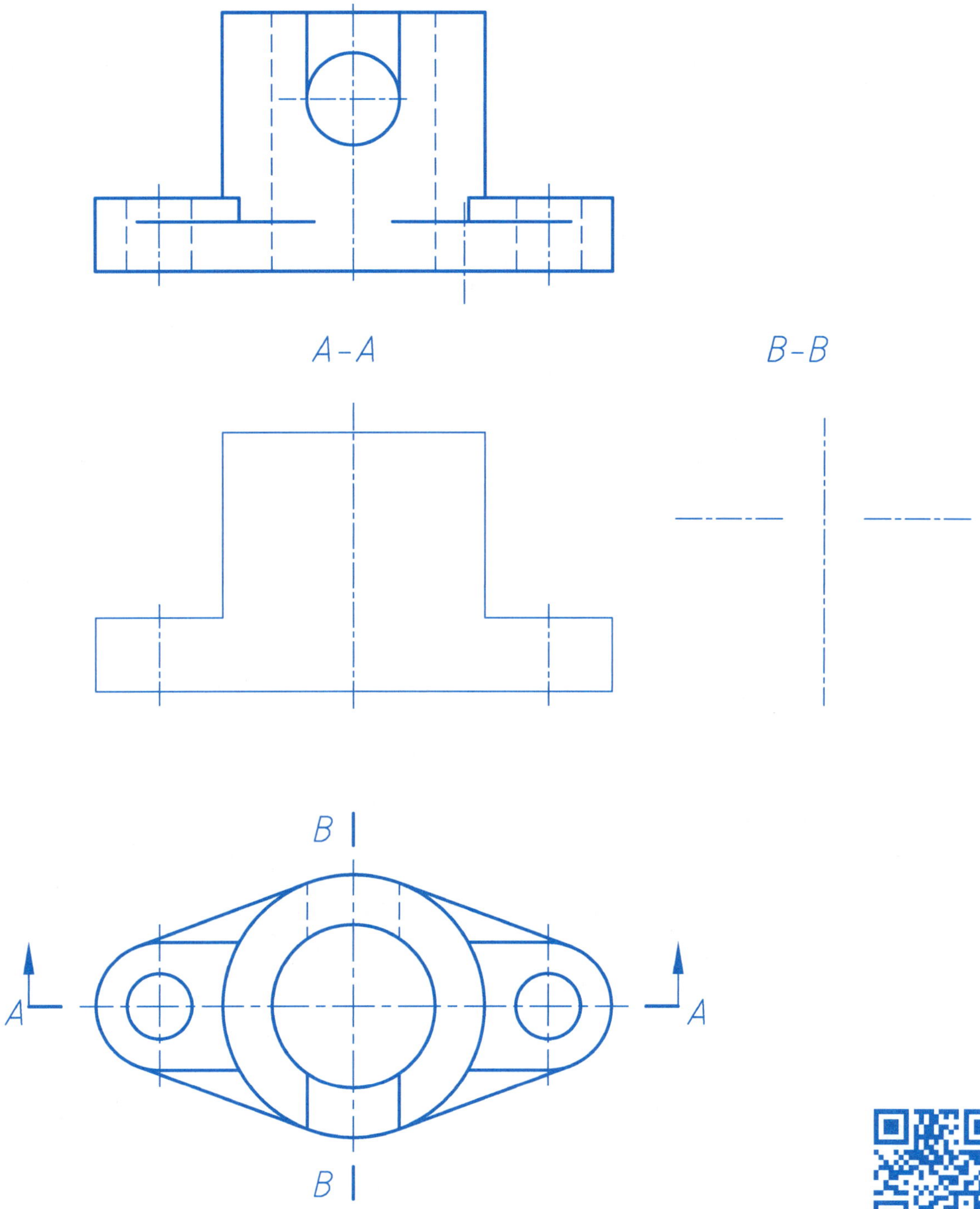

附-8 读零件图　|　在指定位置按照1：1补全主视图外形（不画虚线）并回答下列问题。

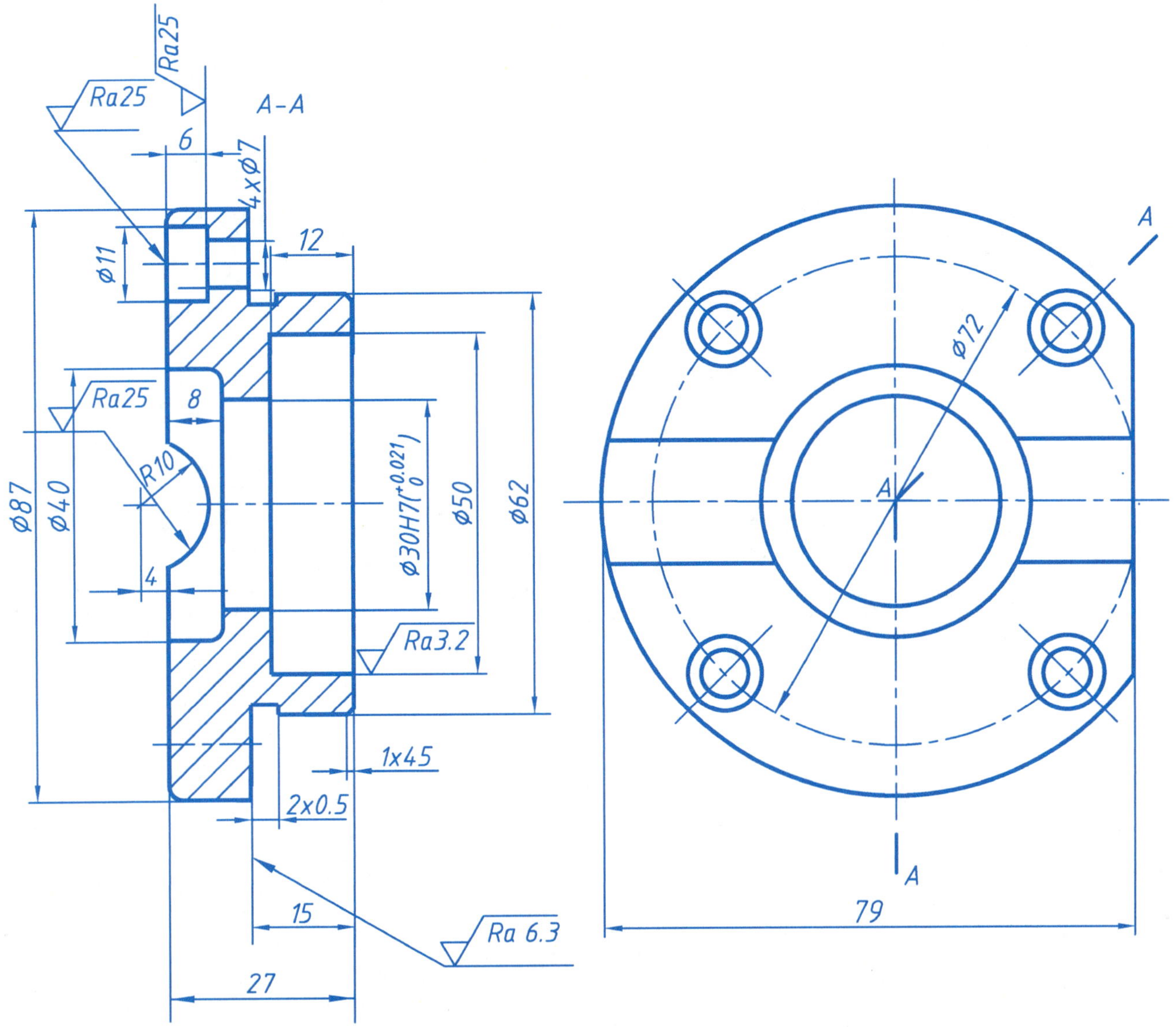

1. 按原图比例画出主视图外形，不画虚线。

主视图外形

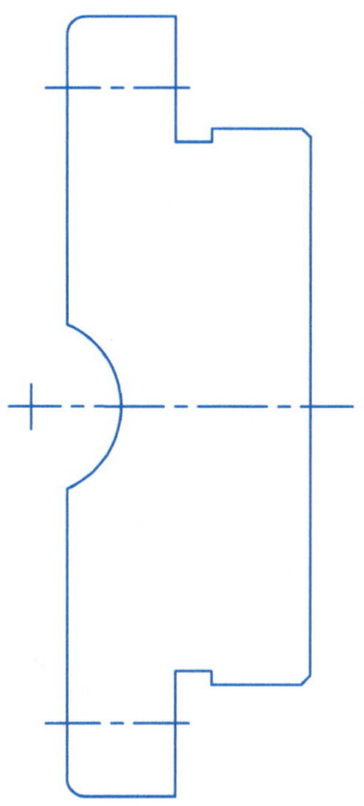

2. 读零件图并回答下列问题：

1）该零件图的主视图属于______剖视图，它是采用了__________剖切平面剖切得到的，其长度方向上的主要尺寸基准为__________。

2）该零件共有___个供连接用的通孔，它们的定形尺寸为__________，定位尺寸为______，表面结构要求代号为__________。

3）该零件的表面结构要求有___种，其中加工精度要求最高的表面为________。

4）解释尺寸Ø30H7($^{+0.021}_{0}$)的含义：其公称尺寸为____，上极限尺寸为_____，下极限尺寸为____，上偏差为_____，公差值为_____。

5）HT150是________材料的代号。

技术要求

1. 无铸造缺陷；
2. 铸件需要时效处理；
3. 未注铸造圆角半径为R1~R2。

Ra 50 (√)

标记	处数	分区	更改文件号	签名	年月日	HT150	江苏大学
设计			标准化			阶段标记 / 重量 / 比例 1:1	法兰盘
审核							
工艺			批准			共　张　第　张	FP08-01

附-9 读装配图

1. 仔细阅读第61页溢流阀装配图及其工作原理，回答以下问题。

溢流阀的工作原理：溢流阀是油压系统中的一种安全阀。底部 G1/2 处是接高压油管的，G3/4 处是接出口的，调节螺钉（件7）可调节弹簧（件5）对钢球（件4）的压力，使钢球紧压在活门座（件6）的锥面上，阻止高压油流出。当高压油管中的压力大于弹簧张力时，则钢球压缩弹簧，通道打开，高压油从活门座（件6）的孔中放出，流回油箱，以降低管路过高的油压。杆（件3）用于手动降压（图中处于手动状态），螺塞（件8）用于放出油道中的气体。

1）要使进油压力增大时才回油，其调节的方法是：______________________________。

2）图中，83 属于_______尺寸；$\phi10\frac{H8}{f7}$ 属于_______尺寸；G1/2 属于_______尺寸；
43 属于_______尺寸；55 属于_______尺寸。

3）说明杆（件3）与杆座（件2）配合处代号 $\phi10\frac{H8}{f7}$ 的含义：
基____制，孔的公差带代号为______，轴的公差带代号为______，属于 ____ 配合，并在下图中注出相应的尺寸和偏差值。

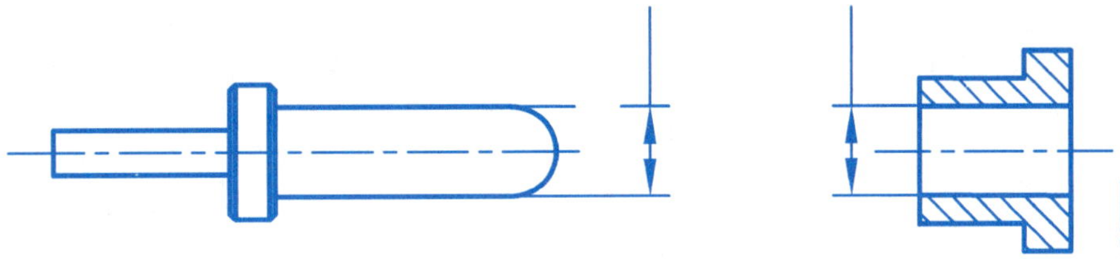

2. 按原图比例，在第60页上拆画第61页所示装配图上阀座（件1）的零件图。

1）用适当的表达方法画出所需视图。

2）标注该零件图所有的尺寸：
抄：装配图中原有的该零件的尺寸；
查：与件8旋合的螺纹的尺寸；
量：直接由零件图上量取。

3）表面结构要求的标注：
（1）配合表面：√Ra3.2
（2）其余加工表面：√Ra6.3
（3）其余不加工表面：√Ra50（不去除材料）

4）几何公差要求的注写：
阀座 ϕ16H7 孔的轴线对阀座右端面的垂直度公差为0.01。

5）用文字直接书写在标题栏附近的技术要求：
锐角倒钝；
未注铸造圆角均为 $R2 \sim R4$。

6）正确填写标题栏。

附-9 读装配图

								江苏大学
标记	处数	分 区	更改文件号	签名	年 月 日			
设 计			标准化			阶 段 标 记	重量	比例
审 核								
工 艺			批 准			共 张 第 张		

附-9 读装配图

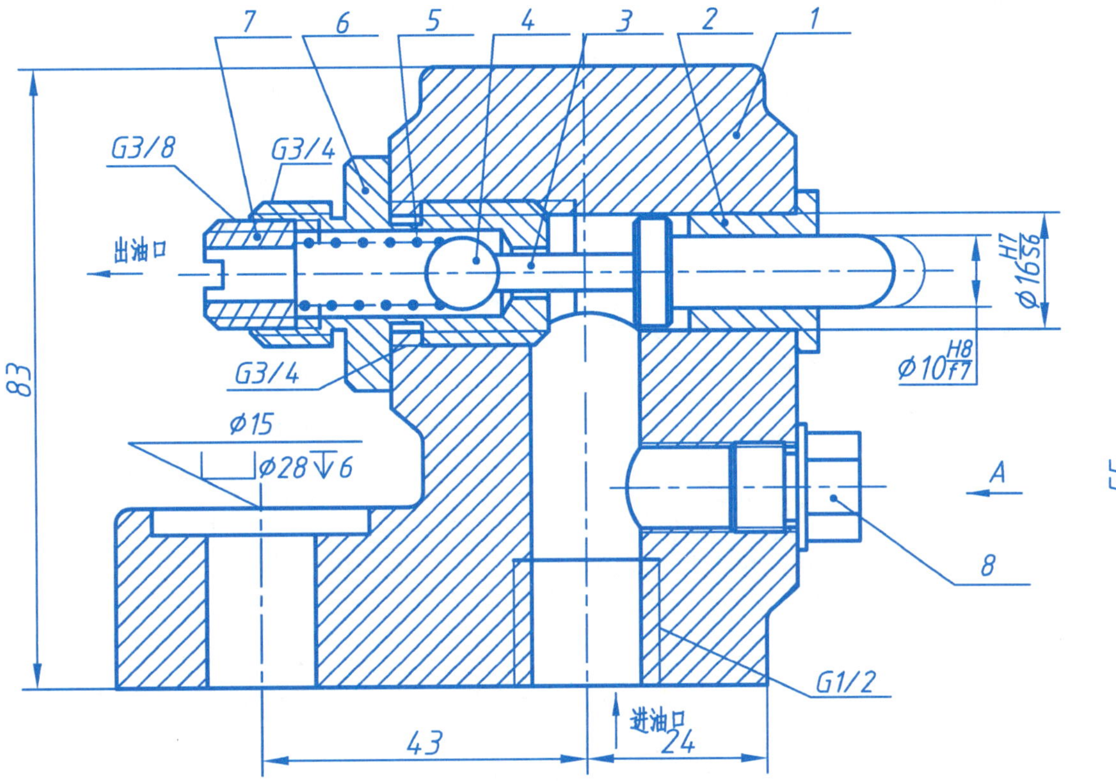

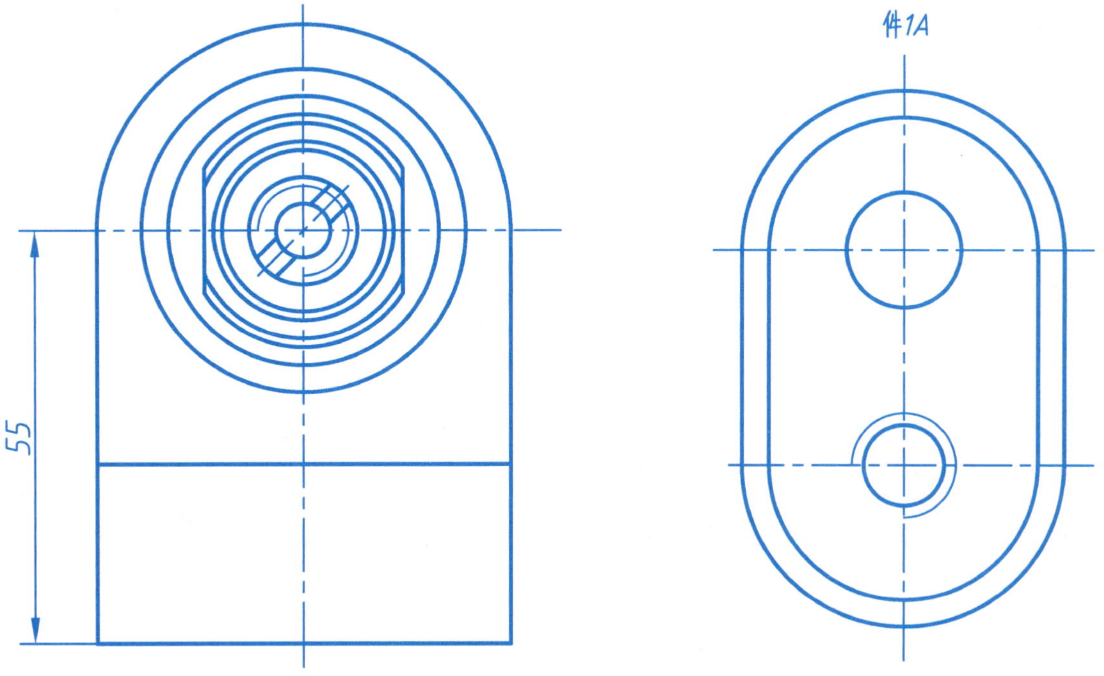

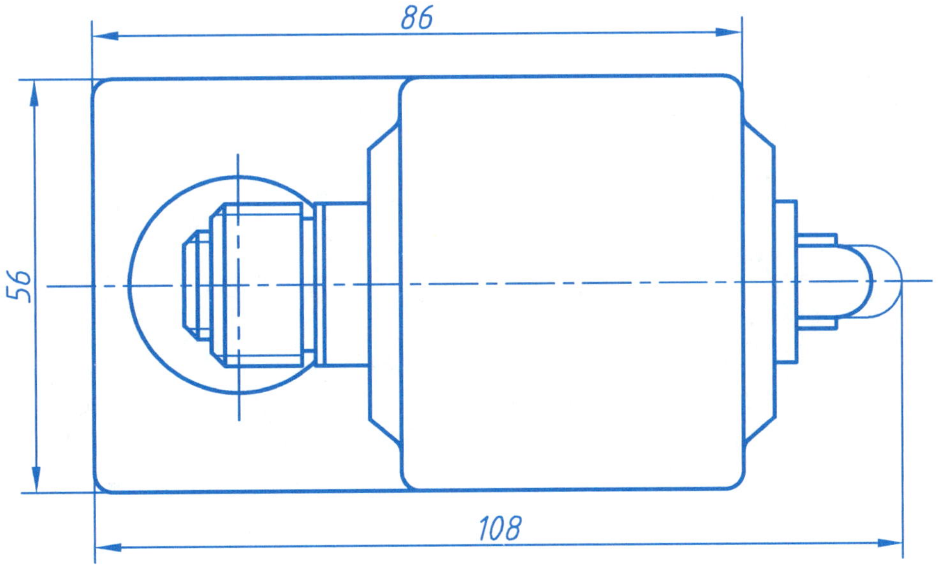

技术要求

1. 装配后杆的运动应轻松顺畅。

序号	代号	名称	数量	材料	单件重量	总计重量	备注
8	ZD12-8	螺塞M12×15	1	Q235-A			
7	ZD12-7	调节螺钉	1	Q235-A			
6	ZD12-6	活门座	1	Q235-A			
5	ZD12-5	弹簧	1	65Mn			
4	ZD12-4	钢球	1	GCr6			
3	ZD12-3	杆	1	Q235-A			
2	ZD12-2	杆座	1	ZCuAl9Mn2			
1	ZD12-1	阀座	1	HT150			

标记	处数	分区	更改文件号	签名	年月日	G1/2	江苏大学
设计			标准化			阶段标记 / 重量 / 比例 1:1	溢流阀
审核							
工艺			批准			共 张 第 张	ZD12-00